D1732415

Malik/Schindler (Hrsg.)
Fälschungssichere Verpackungen
Sicherheitstechnologien und Produktschutz

KiAE 3

Haroun Malik/Samuel Schindler (Hrsg.)

Fälschungssichere Verpackungen

Sicherheitstechnologien und Produktschutz

Technische Fachhochschule Berlin 25 €
BERLIN
Campusbibliothek - Haus Bauwesen -
Luxemburger Str. 10, 13353 Berlin
Tel. (030) 4504 - 2507 / 2330 / 2683
3. Ex
Berliner Hochschule für Technik
Campusbibliothek
– ausgesondert –

Hüthig Verlag Heidelberg

MC 97/2008

Alle in diesem Buch enthaltenen Angaben, Daten, Ergebnisse usw. wurden von den Autoren nach bestem Wissen erstellt und von ihnen und dem Verlag mit größtmöglicher Sorgfalt überprüft. Dennoch sind inhaltliche Fehler nicht völlig auszuschließen. Daher erfolgen die Angaben usw. ohne jegliche Verpflichtung oder Garantie des Verlags oder der Autoren. Sie übernehmen deshalb keinerlei Verantwortung und Haftung für etwa vorhandene inhaltliche Unrichtigkeiten.

Dieses Werk einschließlich aller seiner Teile ist urheberrechtlich geschützt. Jede Verwertung außerhalb der engen Grenzen des Urheberrechtsgesetzes ist ohne Zustimmung des Verlags unzulässig und strafbar. Das gilt insbesondere für Vervielfältigungen, Übersetzungen, Mikroverfilmungen und die Einspeicherung und Verarbeitung in elektronischen Systemen.

Diejenigen Bezeichnungen von im Buch genannten Erzeugnissen, die zugleich eingetragene Warenzeichen sind, wurden nicht durchgängig kenntlich gemacht. Es kann also aus dem Fehlen der Markierung ™ oder ® nicht geschlossen werden, dass die Bezeichung ein freier Warenname ist. Ebenso wenig ist zu entnehmen, ob Patente oder Gebrauchsmusterschutz vorliegen.

ISBN 3-7785-2960-9

© 2005 Hüthig GmbH & Co. KG, Heidelberg

Satz: G&U e.Publishing Services GmbH
Umschlaggestaltung: R. Schmitt, Lytas, Mannheim
Druck und Bindung: MediaPrint, Paderborn

Inhaltsverzeichnis

Vorwort

Eine der menschlichen Errungenschaften besteht darin, möglichst einzigartig zu sein. In der Welt der Markenprodukte kann sich dieses Phänomen lediglich auf ein Erzeugnis beschränken. Viele partizipieren an dem Wert, den ein Produkt für Sie darstellt. Neben den rechtmäßigen Inhabern einer Marke haben es sich die Produktfälscher seit langer Zeit bequem gemacht. Selten werden sie daran gehindert, sowohl ein Produkt als auch Bestandteile davon nachzustellen.

Die Verpackung stellt die Eintrittsbarriere für den Fälscher dar. Je einfacher sie gestaltet ist, desto besser und auch schneller kann eine Kopie erstellt werden. Ohne Zweifel, das darin enthaltene Produkt muss ebenfalls nachgestellt werden. Allerdings wird der Käufer eines Produktes stets die Verpackung zuerst in den Händen halten. Oft gelingt es nicht, den Inhalt zu begutachten, weil sich die Verpackung beim Versuch der Öffnung nicht unversehrt wieder verschließen lässt. Bewusst versucht die Marketingabteilung eines Herstellers das Produktimage über die Verpackung zu steigern. Diese Investition lohnt sich, weil die Differenzierung gegenüber dem Wettbewerbsprodukt leicht erreichbar und dazu mit überschaubaren Kosten verbunden ist.

Jeder Markeninhaber und Hersteller von Produkten wird die Produktfälschung als ein Ärgernis empfinden. An dieser Stelle soll weder vom Imageschaden oder dem entgangenen Umsatz die Rede sein. Es sollen in allen folgenden Kapiteln auch keine Fälschungszahlen diskutiert werden. Vielmehr steht eine Frage im Raum: Gibt es eine Möglichkeit, die

Verpackung fälschungssicher zu gestalten? Bevor wir diese Frage beantworten, lohnt es sich ein wenig nachzudenken. Beim Impulskauf bemerken wir mal intensiv, mal unbewusst, wie wir unattraktive Verpackungen meiden. Wenn wir Produkte mit hohem Imagewert einkaufen, dann achten wir sehr auf eine entsprechend wertvolle Verpackung. Hierin liegt die Chance der Fälscher: Sie wissen, dass der Kunde unkritisch wird, wenn die Sichtprüfung der Ware keinen Argwohn erzeugt.

Unter der Annahme, dass sich sämtliche Bestandteile einer Verpackung nachstellen lassen, muss demnach ein Weg gefunden werden, damit dies eben nicht geschieht. Die Antwort hierauf wird seit einigen Jahren verstärkt von der Sicherheitsindustrie gegeben, indem sie Sicherheitsprodukte in allen Varianten anbietet. In den einzelnen Kapiteln werden deshalb alle Aspekte der Verpackungsabsicherung vorgestellt. Ausgehend von der Diskussion der Verpackungsvielfalt hilft eine Zusammenfassung aller relevanten Sicherheitstechnologien beim Überblick des verfügbaren Produktschutzarsenals. Diese sind wertlos, wenn ein Anwender die Integration in die bereits eingesetzten Verpackungsbestandteile unterschätzt. Vielfach wird es die Verpackungsentwicklung ohne Unterstützung von Expertenwissen nicht einschätzen können, wie die Sicherheitstechnologie eingebracht wird. Hierfür beschreibt das Abschlusskapitel die entsprechenden Entscheidungsparameter und gibt Hilfestellung.

Die Herausgeber möchten betonen, dass ein neues Standardwerk für den deutschsprachigen Raum von vielen Fachexperten geschrieben wurde. Allen Autoren wird für ihr Engagement gedankt, damit am Ende die Fälscher Ihr Markenprodukt und Ihre Verpackung unbehelligt lassen. Den Grund nennt der Titel dieses Buches implizit: Es lohnt sich zu behaupten, dass man fälschungssichere Verpackungen einsetzt, denn sie verhindern den Umsatz des Fälschers mit fremden Produkten.

Berlin & Öhringen
im Februar 2005

Haroun Malik
Samuel Schindler

Kapitel 1

Haroun Malik

Informationsträger Verpackung

Eine Kaufentscheidung für oder gegen ein Produkt fällt häufig aufgrund visueller Reize. Unabhängig vom angebotenem Bild oder einer Information, übernimmt die Verpackung zwei Funktionen. Zum Einen schützt sie das Produkt vor Beschädigungen bevor es käuflich beim Endverbraucher landet. Zum Anderen stellt sie Produkteigenschaften heraus, die einen Kaufanreiz auslösen sollen. Außerdem stellt zunehmend der Diebstahl von Waren ein Problem dar. Je zugänglicher ein Produkt, desto wahrscheinlicher ist ein Umsatzverlust vorprogrammiert.

Nachahmung

Die triviale Darstellung des Sachverhaltes dient uns lediglich dazu zu unterscheiden, dass die Verpackung mehrere Funktionen parallel übernimmt. Uns interessiert im Zusammenhang mit der Produktfälschung die Nachahmbarkeit einer Verpackung. Prinzipiell kann davon ausgegangen werden, dass sich sowohl ein Produkt als auch eine Verpackung fälschen lässt. Jegliche Information, die sich auf einer Verpackung befindet, ob in gedruckter Form oder als Designelement, kann somit ebenfalls nachgestellt werden. Deshalb gewinnt eine fälschungssichere Verpackung an Bedeutung, denn mit ihr ließe sich eine wünschenswerte Barriere aufbauen.

Zahlen über gefälschte Verpackungen oder im Markt abgesetzte Produkte, sind nicht Gegenstand dieses Buches. Dazu kann auf die einschlägigen Untersuchungen und Veröffentlichungen der Aktionsgemeinschaft der Deutschen Wirtschaft gegen Marken- und

Produktpiraterie, kurz APM e.V., in Berlin hingewiesen werden. Nicht zuletzt würde kein Fälscher jemals aufdecken, welche Umsätze mit Fälschungen erzielt wurden oder die Summe der dafür verwendeten, ebenfalls gefälschten Verpackungen.

1.1 Materialeigenschaften gängiger Verpackungen

Materialvielfalt

Die Vielfalt der Verpackungsmaterialien kann bedingt eingegrenzt werden, wenn eine willkürliche Einteilung vorgenommen wird. Vorausgesetzt, dass ein Großteil der Fälschungen im Konsumgüterbereich auftritt, werden Folien, Faltschachteln, Kartonagen, Papiere, Kunststoff- oder Metallbehälter verwendet. Verbundmaterialien stellen eine wichtige Kategorie dar: Sie dienen aufgrund ihrer Beschaffenheit zur Abdeckung mehrerer erwünschter Funktionen. Die unterschiedlich verwendeten Materialien grenzen jedoch die Verwendung von allgemein anwendbaren und auf allen Materialien gleich gut wirkenden Sicherheitstechnologien ein.

Sekundärfunktion

Besonders hervorzuheben sind Verpackungen, die geschaffen sind, um sowohl Schutz- als auch Marketingfunktionen zu übernehmen. Hier achtet der Kunde beim Kauf bereits auf die Materialeigenschaften. Bei Kosmetika lässt sich solch ein Zusammenhang leicht nachweisen, weil aufwändige Materialien zum Einsatz gelangen. Jedoch findet der Produktfälscher auch hier sein Betätigungsfeld, da die zu erzielende Marge jede Investition in eine 1:1 Kopie der Verpackung rechtfertigt.

Verpackungshersteller

Die Produktion der Verpackungsmaterialien kann in aller Regel von unzähligen Betrieben in gleich guter Qualität gewährleistet werden. Auftraggeber tauschen zuweilen ihren Verpackungslieferanten aus, indem sie lediglich Designvorlagen, Spezifikationen und Detailinformationen zum Material weiterleiten. Gerade die identischen Verpackungsprodukte erleichtern den Wettbewerb der Verpackungsanbieter. Sie haben aber auch den Nebeneffekt, dass Fälscher selbstverständlich dieselben Vorteile genießen. Die allgemein bekannten Materialeigenschaften einer bestimmten Verpackung können relativ zielgenau analysiert und bestimmt werden. Für den Fachmann der Verpackungsbranche dürfte es deshalb keine Hürde sein, die Nachstellung einer Vorlage zu erreichen.

1.2 Die Nachahmung von Verpackungen oder deren Bestandteile

Informationsbeschaffung

In den vergangenen Jahren hat die Verpackungsfälschung an Qualität gewonnen. Betrachtet man sich die entdeckte Menge an Fälschungen, deren Wert regelmäßig vom APM oder dem deutschen Zoll veröffentlicht werden, erhält man lediglich ein numerisches Bild der Sachlage. Tatsächlich lässt sich ein Vorteil des Fälschers nicht verhindern. Durch den Erwerb eines Originalproduktes in der Originalverpackung fällt ihm automatisch das gesamte, für eine Verpackungsfälschung benötigte Wissen in die Hände. Er braucht nun lediglich Fachwissen zu rekrutieren, um die Originalverpackung in derselben Qualität herzustellen. Hinzu kommen die technischen Hilfsmittel beginnend von Bildaufnahmen über das Einscannen von Vorlagen bis hin zum teilweise illegalen Erwerb von Dateien.

Vormaterial

Die Kopie eines Verpackungsmaterials herzustellen fällt gerade deshalb leicht, weil es unmöglich sein dürfte, ein bestimmtes Material lediglich für ein Produkt zu reservieren. Verpackungsbetriebe kaufen ihre benötigten Vormaterialien parallel beim selben Lieferanten ein. Wenngleich die Veredelung zu einem Verpackungsprodukt durchaus Qualitätsunterschiede hervorbringen kann, sind die Feinheiten selbst für Fachleute äußerst schwierig zu ermitteln. Es dürfte deshalb verständlich erscheinen, wenn die Nachahmung zu einem relativ einfachen Unterfangen wird.

Lieferantenwechsel

Der Lieferantenwechsel von einem Verpackungshersteller zum Nächsten, führt zur Vergabe von Design- und Materialinformationen an weitere Personen. Der Risikofaktor Mensch und dessen Interessen werden unkontrollierbar. Gespräche, die mit dem BKA im Zusammenhang mit Arzneimittelfälschungen geführt wurden, ergaben eine verblüffende Erkenntnis. Die Fälscher hatten Zugang zu Fachwissen, welches ihnen unkritisch mehr oder weniger freiwillig übergeben wurde. Selbst die Zeichnung von Geheimhaltungsvereinbarungen schützt einen Originalhersteller nicht vor der unerlaubten Weitergabe von Produktionswissen.

Damit schält sich eine unabänderliche Tatsache heraus: Verpackungen können jederzeit nachgestellt werden. Umso wichtiger steht die Frage im Raum, wie man sich dagegen schützen kann.

1.3 Primär- und Sekundärpackmittel und die Anforderungen

Pharma-Verpackungen

Eine Reihe von Produkten benötigt aus hygienischen oder technischen Gründen mehrere Verpackungsbestandteile. Vor allem pharmazeutische Produkte sind hiervon betroffen. So wird eine Pille in einen Blister eingeschweißt, der anschließend in einer Faltschachtel eingepackt wird. Fälscher gehen oftmals oberflächlich mit der Primärverpackung in die Produktion, um die Faltschachtel umso sorgfältiger herzustellen. Das Ziel ist die Verhinderung eines Verdachts seitens des Käufers des betreffenden Medikamentes. Die Einhaltung der gängigen Vorschriften kann der Fälscher getrost außer Acht lassen, da er kaum wegen dessen Verstoß zur Rechenschaft gezogen wird.

Beimischung von Fälschungen

Aus diesem Beispiel kann das Fazit gezogen werden, dass das Sekundärpackmittel Faltschachtel sowohl die frühzeitige Entdeckung der Fälschung verhindert als auch ohne Unterscheidung zur Originalware beigemischt werden kann. Der Endkunde erwirbt im Normalfall lediglich ein Gebinde. Ihm fehlt die Vergleichsmöglichkeit mehrerer Produkte und der dazugehörigen Verpackungen. Gerade diese Situation nutzt ein Fälscher aus. Die Faltschachtel darf sich unter keinen Umständen vom Original unterscheiden.

Manipulationssicherheit

Eine sich hieraus ergebende Forderung kann nur lauten, das Sekundärpackmittel möglichst manipulationssicher zu gestalten. Außerdem gilt es dem Endkunden ein Hilfsmittel zur Verfügung zu stellen, um eine oft vor dem Kauf nicht öffnungsfähige Verpackung beurteilen zu können. Es ist an dieser Stelle unerheblich, wer die beurteilende Person oder Institution sei.

Rund um Absicherung

Optimal aus Sicht des Produktschützers wäre die umfassende Absicherung aller Verpackungsbestandteile, so dass sie als fälschungssicher gelten. Wenn das Beispiel mit dem Medikament nochmals herangezogen wird, dann kann bei Überprüfung von Verpackungen festgestellt werden, dass beispielsweise die deutsche Apotheke Importware auspackt und zu neuen Verkaufseinheiten zusammenstellt. Dieser Fall verdeutlicht die Notwendigkeit, Primär- und Sekundärpackmittel gemeinsam zu betrachten, abzusichern und damit dem Zugriff des Fälschers zu entziehen.

1.4 Verpackungsentwicklung und bestehende Verpackung

Kosten

Aus produktionstechnischen Gründe stehen Packmittelentwickler häufig vor dem Dilemma, bei einer neuen Verpackung möglichst geringe Kosten zu verursachen. Eine im Markt eingeführte Verpackung kann sich visuell vom Vorgänger unterscheiden. Jedoch wird sie den Abpackprozess in der Verpackungslinie nicht stören. Sofern allerdings eine Größenänderung erfolgt, oder eine Materialänderung beispielsweise von Papier auf Kunststoff, stellen sich neue Parameter ein.

Aufwertung der Verpackung

Unter Berücksichtigung der Forderung nach einer fälschungssicheren Verpackung kann auf produktionstechnische Gegebenheiten nicht immer Rücksicht genommen werden. Hier kann es nur heißen: An welcher Stelle wird die erforderliche Sicherheitstechnologie eingebracht? Und welchen Aufwand verursacht sie? Die Entwicklung einer neuen Verpackung für ein bestehendes Produkt wird aus Marketinggründen selten vorkommen. Sehr viel wahrscheinlicher wird eine bestehende Verpackung lediglich optisch aufgewertet. Das Ziel, die Verkaufszahlen zu steigern, widerspricht jedoch nicht dem Produktschutzgedanken.

Sicherheit

Sowohl bestehende als auch neue Verpackungen und Verpackungsbestandteile, können gegenüber der Ausgangsbasis sicherheitstechnisch aufgewertet werden.

Dieses Axiom setzt lediglich voraus, dass Sicherheitsprodukte für jedes gängige Verpackungsmaterial am Markt angeboten werden. Bei der Verpackungsentwicklung bietet es sich geradezu an, sie fälschungssicher zu gestalten. Die zur Verfügung stehenden Technologien können hinsichtlich ihrer Anwendbarkeit von Fachleuten beurteilt werden.

Kapitel 2

Sicherheitstechnologien

2.1 Anforderungen und Ausgangssituation

Samuel Schindler

Fragestellung

Mit dem Entschluss gegen Produktpiraterie vorzugehen, drängt sich, speziell hinsichtlich der Auswahl und Integration einer/mehrerer Sicherheitstechnologien, eine Problemstellung auf: „Welche Sicherheitstechnologien erfüllen die gewünschten Anforderungen und lassen sich in bestehende Produktionsschritte – möglichst ohne wesentliche Veränderungen dieser – einbinden?"

Rahmenbedingung

Ausgehend von dieser Frage gibt folglich die bestehende Produktion des (Marken-)Artikels und seiner Bestandteile – und damit die Technik – die Rahmenbedingungen an die Sicherheitstechnik/-technologie vor. Somit ist die unweigerliche Folge, dass sich diese dem bestehenden Wertschöpfungsprozess „unterordnen" und anpassen sollte. Eine Analyse der technischen Rahmenbedingungen hinsichtlich

- des Herstellungsprozesses
- einsatzbedingter – produktspezifischer – Kriterien
- interner und externer Produktionseinheiten

ist damit zwingend notwendig.

Lösungsbeteiligte

In der Praxis wird bei Produkt- und Markenschutz-Konzeptionen häufig die Komplexität des letzten Punktes – der Einbeziehung aller umsetzenden Einheiten und ihrer Interessensituation – unterschätzt. Aus diesem Grunde ist es ratsam, eine spezifische Betrachtung der Ausgangssituation der Beteiligten vorzunehmen:

- Rechteinhaber und Hersteller der Sicherheitstechnologie
- Anwender der Sicherheitstechnologie
- Integratoren der Sicherheitstechnologie
- Nutzer der Sicherheitstechnologie

Hersteller der Sicherheitstechnologie

Sicherheitsanbieter

Definition: Der Rechteinhaber und Hersteller einer Sicherheitstechnologie ist die Einheit, die das Sicherheitsprodukt oder die Systemlösung entwickelt, fertigt und dem Anwender und Integrator zur Verfügung stellt. Bei kleinen ausländischen Anbietern erfolgt die Vermittlung häufig über Berater und Agenten.

Leistungen und Interessen:

- Technische Umsetzung und Produktion bis Fertigstellung aus einer Hand
- Verfügbarkeit der Technologie und ihrer Bestandteile
- Industrielle Produktions- und Herstellungsmöglichkeiten der Technologie und ihrer Bestandteile
- Organisatorische und logistische Sicherheit
- Seriosität

- Zugang zur Prüf-/Verifizierungstechnologie und Kontrolltechnik
- Prozess-Sicherheit in Produktion und Herstellung der Technologie und ihrer Bestandteile
- Hohes technisches und spezifisches Know-How, Verständnis und Erfahrung vorhanden
- Juristische Sicherheit hinsichtlich Exklusivität wie Schutzrechte und Patente

Informationsschutz

Hersteller von Sicherheitstechnologien sind in ihren Handlungsoptionen zwiegespalten. Auf der einen Seite stellen sie Techniken und Technologien her, welche ‚sicher' sein sollen – und damit möglichst ‚geheim'. Auf der anderen Seite unterliegen sie kommerziellen Zwängen und müssen ihre Produkte publik machen. Dies führt zwangsläufig dazu, dass eine Vergleichbarkeit für Aussenstehende nur eingeschränkt möglich ist. Gerade hinsichtlich technischer Einbindung in bestehende Produktionsschritte möchten sich die Hersteller – so weit dies möglich ist – vor großzügigem Informationstransfer und damit ‚Einblick' schützen, umso mehr als eine Nutzungs- und Kaufoption im Anfangsstadium nicht vertraglich gesichert ist. In solchen Fällen ist die Einbindung seriöser und langjähriger Insider ratsam.

Anwender der Sicherheitstechnologie

Definition

Definition: Der Anwender ist der Rechteinhaber (manchesmal auch der Hersteller) des (Marken-)Produktes, damit die treibende Kraft in Entwicklung und Umsetzung einer Produkt- und Markenschutz-Konzeption. Anwender sind zudem – in Abhängigkeit der Sicherheitstechnologie – meist Lizenznehmer.

Erwartung des Markenherstellers

Erwartungen:

- Integrationsmöglichkeit der Sicherheitstechnologie in bestehende Produktionsprozesse
- Möglichst kontrollierbarer Aufwand und geringe Änderung bestehender Abläufe und Prozesse
- Möglichst geringer Zeit- und Kostenaufwand
- Hohe Kosten- und Leistungstransparenz
- Möglichst geringe Bindung an Ressourcen, Kapital, Mitarbeiter, etc.
- Hohe Aussage- und Beweiskraft hinsichtlich Prüf- und Verifikationsergebnis

Planungsphase

Anwender erwarten in der Evaluierungs- und Entscheidungsphase höchstmögliche Transparenz über die Sicherheitstechnik und –technologien, um eine fundierte Analyse hinsichtlich der technischen Aufwendungen bei einer Umsetzung vornehmen zu können. Speziell wenn es um Produktionsschritte, verteilt auf mehrere Einheiten und Standorte geht, steht dies konträr zu den bereits erwähnten Interessen der Hersteller. Letztere sehen sich oft vor der Problemstellung, erhebliche technische Aufwendungen (Entwicklungen, Anpassungen, etc.) zu tätigen, ohne eine konkrete vertragliche Grundlage hierfür zu haben. Um bereits vor der Umsetzung sinnvoller Produkt- und Markenschutz-Maßnahmen Spannungen und Missverständnissen aus dem Weg zu gehen, sollten bereits in der groben Budgetplanung Mittel für die ‚technische Evaluierung' bereitgestellt werden.

Integratoren der Sicherheitstechnologie

Definition: Der Integrator agiert im Auftrag des Anwenders, produziert und liefert Teile (wie Etiketten, Anhänger, Begleitdokumente, Primär-, Sekundärverpackungen, etc.) oder komplette (Marken-)Produkte. Dies geschieht häufig an verschiedenen Standorten mit unterschiedlichen Herstellungs- und Produktionseinheiten sowie -bedingungen.

Rahmenbedingungen

Rahmenbedingungen:

- Interesse vorhanden bei Kostenerstattung
- Interesse vorhanden bei Kundenbindung (Bindung des Anwenders und Auftraggebers)
- Anwendung von Sicherheitstechnologie erzwingt Kontrollierbarkeit und ist daher nicht immer im Interesse des Integrators
- Erhöhte Aufwendungen hinsichtlich Entwicklung, Einbindung und Umsetzung
- Zeitnahe Verfügbarkeit der Technologie
- Industrielle/maschinelle Unterstützung bei Integration der Technologie (beispielsweise Applikationstechniken)
- Hohe Prozess-Sicherheit in Produktion bei Integration
- Benötigt Know-How und Projektunterstützung für Entwicklung, Einbindung, Umsetzung und Kontrolle
- Erwartet und benötigt „Sonderstellung" bei Anwender hinsichtlich Projektdurchführung, für Aufwendungen, bei Fragen und Problemstellungen, etc.
- Benötigt Zugang zu Prüf- und Kontrolltechnologien zur Qualitätssicherung
- Einführung von organisatorischer und logistischer Sicherheit erfordert – je nach Stand – meist erhebliche Aufwendungen

Aufwand des Integrators

Der Integrator steht – technisch gesehen – im Mittelpunkt, da dieser hinsichtlich der technologischen Umsetzung und Integration den höchsten Aufwand hat. In den umfangreichen und vielschichtigen Arbeitsschritten bis zur Fertigstellung eines (Marken-)Produktes agieren oftmals mehrere Integratoren, ohne dass diese mit der Auf- und/oder Einbringung der Sicherheitstechnologie konfrontiert werden. So hat beispielsweise ein Abfüller – technisch gesehen – wenig/nichts mit der drucktechnischen Absicherung einer Faltschachtel zu tun, aber er nutzt eine ‚gesicherte' Verpackung und muss daher eine erhöhte Sorgfalt aufbringen. Im Hinblick auf eine durchgängige Sicherheitsstrategie können zusätzliche Leistungen (wie Prüfung, Zählung, Erfassung und Dokumention von Kodierungen, Lagerung unter Verschluss, etc.) erforderlich sein.

Nutzer der Sicherheitstechnologie

Beteiligte Interessenten

Definition: Nutzer der Sicherheitstechnologie können neben den bereits erwähnten Anwendern und Integratoren auch der Staat (beispielsweise der Zoll), Interessengemeinschaften/Verbände, Groß-, Zwischen- und Einzelhandel sowie der Konsument des Artikels sein.

Wissens-anforderung

Notwendigkeiten:

- Kenntnisse über Prüf- und Verifizierung der Sicherheitstechnologie
- Zugang zu Techniken/Technologien zur Prüfung und Verifizierung
- Einfache und sichere Prüfmethodik (bei Feldprüfung)

- Prüfmethodik und Ergebnisse müssen je nach Anforderung erfassbar, darstellbar und dokumentierbar sein (bspw. zur Beweissicherung)

Prüfkriterien

Der Nutzer und seine Interessen hinsichtlich der Aussagekraft geben häufig den Ausschlag über die Auswahl der einzubindenden Sicherheitstechnologien. Damit steht der Prüfungs- und Verifizierungsvorgang oftmals am Anfang der Evaluierung. Unter diesem Gesichtspunkt gehört die Vermittlung (Know-How-Transfer durch Schulung) – auch unter Berücksichtigung des Machbaren (Grenzen der Sicherheitstechnologie) – ebenfalls in die ‚technische' Betrachtung.

Divergierende Interessen: Auswahlprozess

Die Ausführungen zeigen deutlich, dass die Interessenslagen nicht immer konform gehen: Produktions- und Herstellprozesse gerade bei mehreren Integrationseinheiten, hinsichtlich unterschiedlichster technischer Abweichungen bei der Herstellung von Produkten, respektive Produktgruppen, bei weiteren Interessenslagen (bspw. dem Handel), etc., haben einen erheblichen Einfluss auf die Auswahl und Nutzung von Sicherheitstechnologien. Schon aus diesem Grund ist es sehr ratsam externe und erfahrene Experten von Anfang an, idealerweise bereits bei einer Machbarkeitsstudie/-untersuchung, bei der Umsetzung und der technischen Integration von Produkt- und Markenschutzprojekten als Berater und Vermittler zu beauftragen.

2.2 Auswahl- und Bewertungskriterien

Samuel Schindler

Profilerfassung

Die Erfassung der Situation hinsichtlich der technischen Voraussetzungen stellt den 'Rahmen' dar, in welchen die Sicherheitstechnologie 'passend' einzusetzen ist. Dieser Prozess stellt – technisch gesehen – eine große Herausforderung dar, an der bereits viele Produkt- und Markenschutz-Aktivitäten gescheitert sind.

Jede Sicherheitstechnologie bringt eigene spezifische Voraussetzungen mit. Um eine möglichst präzise Transparenz zu erhalten, ist es empfehlenswert die unterschiedlichen Kriterien in einem ‚Profil' zusammen zu fassen.

Bewertungskriterien im Hinblick auf eine (Vor-)Auswahl können sein:

- Produkt oder Systemlösung
- Sichtbare oder unsichtbare Sicherheitstechnologien
- Sicherheitslevel
- Prüfung und Verifizierung

jeweils unter Berücksichtigung der Auf- und/oder Einbringung in der Produktionstechnik.

Produkt oder Systemlösung

Lösungsvarianten

Bei der Beurteilung ob eine produkt- oder systembasierte Lösung zum Einsatz kommt/kommen soll, geht es primär (a) um den organisatorischen, technischen und zeitlichen Aufwand, (b) um die gewünschte Aussagekraft nach der Verifizierung und letztendlich (c) um das einzugrenzende Angriffspotential eines Fälschers.

Eine Gegenüberstellung der einzelnen Kriterien verdeutlicht dies:

Tab. 2.1: Gegenüberstellung der einzelnen Kriterien

	Produktbasierte Lösung	**Systembasierte Lösung**
(a) Organisatorischer, technischer und zeitlicher Aufwand	Einsatzbereite Technologie, kann damit ‘einfach’ auf- und/oder eingebracht werden (bspw. viele Sicherheitsfarben)	Komplexe Struktur
		Prüfsystematik welche weiteren Technologie-Einsatz bedingt
	Kein/geringer Dokumentationsaufwand	Erfassung/Dokumentation, Überwachung und Kontrolle
	Geringes technologisches Know-How	Spezialisten-Wissen und Know-How ist unabdingbar
	Geringe technologische Aufwendungen	Planung, Integration, Kontrolle notwendig und meist aufwändig
	Einsatz meist ‘nur’ in einem Produktionsprozess (bspw. Druck, Weiterverarbeitung, ...)	Aufwand für Vernichtung und Ausschuss
	Produkt von ‘jedermann’ nutzbar, teilweise von Bedeutung bei unterschiedl. Produktionsstandorten mit unterschiedl. technischen Voraussetzung und Rahmenbedingungen	Bedingt oftmals Datenmanagement
		Schließt mehrere Einheiten im Wertschöpfungsprozess ein
		Bedarf klarer Schnittstellen und Übergabe-Protokolle
	Keine nachgelagerte Erfassung notwendig	Sicherheitsbewusstsein in der gesamten Wertschöpfungskette notwendig (Faktor Mensch)

Tab. 2.1: Gegenüberstellung der einzelnen Kriterien (Forts.)

	Produktbasierte Lösung	**Systembasierte Lösung**
		Einsatz der Technologie bedingt Verhaltensänderungen (Faktor Mensch)
		Schulung des Personals hinsichtl. Technik und Verhaltensweisen
		Bedingt oftmals geschlossene Anwendergruppen
(b) Aussagekraft nach Verifizierung	Aussagekraft meist 'Ja/ Nein'	Aussagekraft geht bis zum Einzelnachweis (pro Produkt eigene Kennung)
(c) Angriffspotential	Bei Zugang zur Sicherheitstechnologie vergleichsweise einfach	Aufgrund komplexer Struktur ist der Einstieg und das Eindringen potentieller Fälscher erschwert, dadurch deutlich geringeres Angriffspotential

Abgrenzung

Eine klare und eindeutige Abgrenzung zwischen produkt- und systembasierter Lösung ist in manchen Fällen nicht möglich, da dies von den Produktionsprozessen des (Marken-)Produktes und von der Produkt- und Markenschutz-Konzeption abhängig ist.

Folglich können auch produktbasierte Lösungsansätze durch die sorgfältige Auswahl und Integration in unterschiedliche Produktionsprozesse der Wertschöpfungskette einen 'System-Charakter' erhalten.

Sichtbare oder unsichtbare Sicherheitstechnologien

Terminologie

Diese Unterscheidung ist die wohl gebräuchlichste und bekannteste. Mit 'sichtbar' ist gemeint, dass die Sicherheitstechnologie mit dem menschlichen Auge, ohne Zuhilfenahme von Hilfsmitteln, unter 'normalen' Tageslicht-Bedingungen eben 'sichtbar' und damit auch verifizierbar ist. Folglich sind alle anderen 'unsichtbar'. Damit sind auch die Sicherheitstechnologien, welche nach Einleitung einer Maßnahme sichtbar werden, der Definition nach zunächst 'unsichtbar'. In dieser Gruppe sind auch die 'versteckten' Sicherheitsmerkmale zu finden (siehe auch Prüf- und Kontrolltechniken/-technologien).

Sicherheitslevel

Technologiebewertung

Der Sicherheitslevel stellt eine Einschätzung der Technologie dar. Diese berücksichtigt hierbei:

- Die Möglichkeit zum Fälschen der Sicherheitstechnologie ~ Angriffspotential
- Die Möglichkeit einer Nachahmung der Sicherheitstechnologie ~ Angriffspotential
- Die Verfügbarkeit der Sicherheitstechnologie hinsichtlich Anzahl der Anbieter/Hersteller und Qualität des Produktes oder der Systemlösung
- Die Einstiegsbarrieren hinsichtlich der industriellen Nutzung und Integration (je 'sicherer' eine Technologie, desto höher der Aufwand diese einsatzfähig zu erhalten)
- Den Anbieter/Hersteller der Sicherheitstechnologie und dessen 'Verhalten' (beispielsweise hinsichtlich des Sicherheitsbedürfnisses des Kunden, des Produktes/der Systemlösung, ...) und Seriosität

Sicherheitsstufen

Eine Klassifizierung von Sicherheitstechnologien ist pauschal nicht möglich, da diese Einschätzung beispielsweise auch von den Rahmenbedingungen des Marktes, vom technologischen Vorsprung gegenüber Fälschern, von der umzusetzenden Produkt- und Markenschutz-Konzeption, etc., abhängig ist. Dennoch kann eine grobe Einschätzung vollzogen werden:

Zugang zu Technologien

- *Sicherheitslevel 1:*
  Technik/Technologie ist allgemein zugänglich, verfügbar und nutzbar – hier liegen quasi keine Beschränkungen vor. Sicherheit ist teils durch hohe Investitionen, Aufwendungen oder Know-How begründbar.
- *Sicherheitslevel 2:*
  Technik/Technologie ist eingeschränkt zugänglich, verfügbar, nutzbar – hier kann von einer 'einfachen' Sicherheit gesprochen werden.
- *Sicherheitslevel 3:*
  Technik/Technologie ist für Sicherheitsanwendungen definiert und vorgesehen, es liegen definierte Einstiegsbarrieren zugrunde – hier kann von einer 'mittleren' Sicherheit gesprochen werden.
- *Sicherheitslevel 4:*
  Technik/Technologie unterliegt strengen Kontrollen und Restriktionen, sind beispielsweise nur mit Nachweis verfügbar und nutzbar – hier kann von einer 'hohen' Sicherheit gesprochen werden.
- *Sicherheitslevel 5:*
  Technik/Technologie ist sehr sicher, da diese beispielsweise nur für so genannte 'High-Security-Anwendungen' (amtliche Dokumente wie Pässe, Ausweise oder Banknoten) eingesetzt werden und

nicht auf dem Markt zu erwerben sind. Es gibt dennoch Merkmale und Techniken/Technologien, welche in ihrem Aufbau und ihrer Struktur nicht fälschbar sind und dennoch dem Markt zur Verfügung stehen.

Richtlinien der Anbieter

In Abhängigkeit des Sicherheitslevels ist es durchaus üblich, dass sich die beteiligten Unternehmen an bestimmte Richtlinien halten. Diese dienen zum Schutz und zur Sicherheit aller und sollten im eigenen Interesse wahrgenommen werden:

Anbieter von Sicherheitstechnologien erwarten teilweise bei Auslieferung und Durchführung:

- Dokumentation über Verwendung
  - Technische Anwendung und Handhabung
  - Lagerung unter Verschluss
  - Kontrollierte Entsorgung und Vernichtung
- Angaben über Anwendung
  - Name und Anschrift des Kunden und schriftliche Druckgenehmigung
  - Verwendungszweck (Produkt) und Belegmuster
  - Auflage/Stückelung (Nachvollziehbarkeit bez. Verbrauch)
- Unterzeichnete Sicherheitsrichtlinien wie beispielsweise
  - Kein Verkauf an Dritte
  - Geschlossene Benutzergruppe hinsichtlich Zugang
  - Keine Manipulation oder Veränderung an der Sicherheitstechnologie

Jede erfolgreiche Produkt- und Markenschutz-Konzeption basiert auf einer Auswahl an Sicherheitstechnologien mit unterschiedlichen Sicherheits- und Prüfleveln. Viel wichtiger als die Anzahl der eingesetzten Sicherheitstechnologien, ist die „richtige" Kombination dieser.

Prüfung und Verifizierung

Bei der Entwicklung einer Produkt- und Markenschutzkonzeption, gerade im Hinblick auf die praktische Umsetzung, extrem wichtiges Bewertungskriterium und Merkmal jeder Sicherheitstechnologie, ist der Vorgang der Prüfung/Verifizierung, der Prüfbarkeit, Messung und Kontrolle.

Prüfebenen

Eine detaillierte Unterscheidung erfolgt in 5 Ebenen:

- *Prüflevel 1:*
  Technik/Technologie ist ohne Hilfsmittel, rein visuell zu prüfen und zu verifizieren.
- *Prüflevel 2:*
  Technik/Technologie ist unter Zuhilfenahme von einfachen Hilfsmitteln (bspw. Linsen, Vergrößerungslupen/Mikroskopen, Prüfstiften) zu prüfen und zu verifizieren.
- *Prüflevel 3:*
  Technik/Technologie wird mittels tragbarer, batterie-/akkubetriebener Hilfsmittel (bspw. spezielle Lampen/Lichtquellen, Handhelds, etc.) geprüft und verifiziert.
- *Prüflevel 4:*
  Technik/Technologie ist unter Nutzung von meist stationären Mitteln, oftmals auf Basis von spezieller Software, zu prüfen und zu verifizieren oder zu messen.

- *Prüflevel 5:*
  Technik/Technologie kann nur mit komplexen Mitteln oder Systemen oder forensischer Technik/Labortechnik geprüft, verifiziert, detektiert oder gemessen werden.

Fließende Prüflevel

Hierbei können die Grenzen fließend und in mehreren Kategorien vorhanden sein. Manche Sicherheitstechnologien sind beispielsweise in Prüflevel 2 prüfbar oder detektierbar, aber erst unter Sicherheitslevel 5 gerichtsverwertbar nachweisbar. Andere wiederum sind sowohl mit Handhelds (Prüflevel 3) als auch mit Unterstützung von PCs (Prüflevel 4) prüfbar. Letztendlich ist in der Umsetzung einer Produkt- und Markenschutz-Konzeption die Zieldefinition ausschlaggebend, und diese beruht auf den Rahmenbedingungen des Prüfvorganges (Ort/Raum, Zeitpunkt, Zeitdauer, Prüfpersonal, Know-How des/der Prüfenden, etc.).

Definition „Sicherheitstechnologie"

Was ist Sicherheitstechnologie?

Ausgehend von den aufgeführten Kriterien kann von einer „Sicherheitstechnologie" gesprochen werden, wenn folgende Anforderungen und Faktoren vorliegen:

- Sicherheitstechnologie ist eingeschränkt zugänglich und verfügbar, und auf sicherheitsrelevante Nutzung und Anwendungen begrenzt
- Herstellprozesse, Funktionsweisen und/oder Komponenten von Sicherheitstechnologien sind zumindest in Teilen nicht bekannt
- Sicherheitstechnologie kann in industrieller Umgebung in gleichbleibender und konstanter Qualität (auch bei Folgeaufträgen) gefertigt werden
- Sicherheitstechnologie kann unter Einhaltung bestimmter Richtlinien genutzt werden

- Sicherheitstechnologie kann in industrieller Umgebung auf- und/oder eingebracht werden
- Sicherheitstechnologie ist nachweisbar, somit prüf- und verifizierbar und/oder messbar
- Der Prüf- und Verifizierungsvorgang und/oder die Messung liefert ein eindeutiges und aussagekräftiges Ergebnis

2.3 Prüfung und Verifikation

Samuel Schindler

Identifikation

Der Einsatz einer Sicherheitstechnologie hat als vorrangiges Ziel, mit oder ohne Hilfsmittel eine zweifelsfreie und eindeutige Identifikation eines Originals zu gewährleisten. Hierbei ist es zunächst unwichtig, ob es sich um eine Fälschung, eine Nachahmung, Kopie oder um Manipulation handelt. Die Aussage der Prüfung kann von einem klaren Ja (oder Nein), bis hin zu einer eindeutigen Identifikation des Einzelproduktes gehen.

Zusatzinformation

Der Experte erhält darüber hinaus noch weitere wichtige Informationen: Durch die sorgfältige Prüfung und anschliessender Analyse von 'Nicht-Originalen', ergeben sich meist konkrete Anhaltspunkte über den Fälschungs- und Manipulationsprozess – und diese Erkenntnisse fliessen im nächsten Schritt in die Produkt- und Markenschutz-Konzeption ein. Bei optisch-verifizierbaren Sicherheitstechnologien stellen Fälschungen und Nachahmungen, welche täuschend echt aussehen, eine besondere Herausforderung dar. So hat durch die Globalisierung der Märkte (und dem damit verbundenen Know-How- und Technik-Transfer) auch der Fälscher entsprechenden Zugang.

Qualitätskontrolle

Innerhalb der technischen Integration (Auf- und Einbringung) einer Sicherheitstechnologie ist die Prüfung auch Teil der Qualitätskontrolle, welche – je nach Konzeption – auch der Überwachung des Integrators, und damit als Teil der Lieferantenbewertung fungieren kann.

Basiseigenschaften der Technologien

Sämtliche Sicherheitstechnologien, damit auch ihre Prüfung, basieren auf naturwissenschaftlichen Grundlagen, d.h. man bedient sich optischer und physikalischer, chemischer und biologischer/biochemischer Eigenarten und setzt diese durch Auf- und/oder Einbringung einzeln oder in Kombination ein.

Generell erfolgt jeder Prüfvorgang nach drei verschiedenen Methoden:

1. Optische Prüfung
2. Prüfung unter Zuhilfenahme von Hilfsmitteln
3. Prüfung mittels Nutzung forensischer Mittel

1. Optische Prüfung

Sichtprüfung

Die wohl bekannteste Form der Prüfung ist die optische Verifikation (griechisch: optos – zum Sehen geeignet). Dies kann generell nach zwei Möglichkeiten unterschieden werden: Visuelle Sicht-Prüfung (1) ohne Hilfsmittel oder (2) mittels Hilfsmittel. Aufgrund der o.a. Unterteilung ist es sinnvoller, letzteres getrennt zu behandeln und daher lautet die Definition von 'optischer Prüfung':

> Technik/Technologie ist ohne Zuhilfenahme oder Einwirkung von Hilfsmitteln, offen sichtbar, rein visuell zu prüfen und verifizieren, hierbei wird in zwei Arten von Lichtquellen unterschieden:
>
> - Streulicht, wie beispielsweise Tageslicht
> - Punktlicht, wie beispielsweise Spot-Lichtlampen

Die unterschiedlichen Lichtquellen sind beispielsweise entscheidend bei der Verifizierung holographischer Sicherheitstechnologien (siehe Kapitel „Holographie").

Das Prüforgan 'Auge'

Visuelle Wahrnehmungen

Die Grundlage optischer Sicherheitstechnologien bzw. derer Reize, ist das menschliche Auge – und damit sollte man sich die wesentlichen Merkmale und Eigenschaften dieses Sinnesorganes ins Gedächtnis rufen: Die Stäbchen nehmen die Helligkeit, die Zäpfchen im Auge die Spektralfarben Rot, Grün und Blau wahr. Die visuelle Wahrnehmung von weissem Licht (sichtbarer Wellenbereich 380nm bis 780nm) wird durch die Reizung der Rezeptoren und anschliessender Verschmelzung der Farbreize sowie physiologisch-optischer Zusammensetzung im Gehirn zum Sinneseindruck 'Farbe' – man spricht von „Additiver Farbmischung":

Tab. 2.2: Farbwahrnehmung

Stimulation	**Farbeindruck**
Keine	Schwarz
Rot	Rot
Rot + Grün	Gelb
Grün	Grün
Grün + Blau	Cyan
Blau	Blau
Blau + Rot	Magenta
Rot + Grün + Blau	Weiss

Jeder Mensch nimmt Farben anders wahr und bewertet damit subjektiv. Dieses wird durch weitere Einflüsse verstärkt, wie beispielsweise das Empfinden von Helligkeit, Scharfsehen, etc. Es ist weiterhin belegt, dass Farben von Männern und Frauen sowie von jungen und alten Menschen unterschiedlich 'gesehen' werden. Rein visuell prüfbare Sicherheitstechnologien unterliegen also der subjektiven Wahrnehmung und sind damit manchmal unzureichend, da – im Auge des Betrachters – nicht eindeutig. Dies kann entweder durch die Einbindung weiterer optischer oder messbarer Sicherheitstechnologien ausgeschlossen werden.

2. Prüfung unter Zuhilfenahme von Hilfsmitteln

Hilfsmittel für Prüfung

Viele Sicherheitsmerkmale/-technologien bedürfen zur Prüfung, spätestens hinsichtlich eines eindeutigen Nachweises, der Zuhilfenahme von Hilfsmitteln oder aber forensischer Unterstützung.

Hilfsmittel unterscheiden wir in

- einfache Hilfsmittel
- tragbare, batterie-/akkubetriebene Hilfsmittel
- stationär genutzte Technik/Technologien

Einfache Hilfsmittel

Unter einfachen Hilfsmitteln werden Prüftechnologien verstanden, welche

- Sehr einfach – und damit auch von Laien
- Ortsunabhängig – beispielsweise ohne Stromquelle
- Klein und handlich – und damit 'verdeckt'
- Schnell und ohne Aufwand

eingesetzt, angewandt und genutzt werden können.

Hierzu einige Beispiele:

- Lichtquelle – einzuleitende Maßnahme mit Durchlicht/Gegenlicht: Geprüft werden z.B. ein- oder zweistufige Wasserzeichen, Durchsicht-Register-Druck
- Linse – Lenticular-Linse: Zur Prüfung von Hidden-Image-Technologien
- Vergrösserungslupe – Fadenzähler: Zur Prüfung von Drucktechnologien, Mikroschrift, gedruckte Linienstrukturen (bspw. Guillochen), etc.
- Prüfstift – zur Prüfung diverser chemischer Reaktion (chemisch-reagierende Farben und Stoffe)

Abb. 2.1: Beispiele für tragbare, batterie-/akkubetriebene Hilfsmittel (Quelle: Zetos)

Einfache Hilfsmittel

Der Einsatz ‚einfacher' Hilfsmittel ist bei fehlender oder nicht garantierbarer Infrastruktur, bei Einsatz von (ungeschultem Fremd-)Personal und/oder bei zügigen und unauffälligen Prüfvorgängen empfehlenswert. Dies kann bspw. sinnvoll sein, wenn eine Produkt- und Markenschutz-Konzeption vorsieht ‚eindeutig' und ‚weltweit einsetzbar' zu sein.

Tragbare, batterie-/akkubetriebene Hilfsmittel

Diese Art der Hilfsmittel kennzeichnen

- Einfache Handhabung (meist Einweisung oder Schulung notwendig)
- Weitestgehend ortsunabhängige Nutzung (geringe Infrastruktur bedingt durch Stromquelle)
- Prüfung von Systemlösungen vor Ort (bspw. am POS)
- Abgleich von Daten und Informationen (bspw. von Nummerierungen, Kodierungen)
- Oftmals Speicherfunktion (Handheld, Digitalkameras)
- Manchmal Funk-/Mobilfunk-Anbindung (damit Datentransfer möglich)
- Aussagekraft von 'Ja/Nein' bis hin zur eindeutigen Produkt-Identifikation

Hierzu einige Beispiele:

- Lichtquellen – UV-Lampen: Je nach Wellenbereich unterschiedliche Prüflampen zur Prüfung von fluoreszierenden Sicherheitsmerkmalen (Farben, Fasern, Blanchetten, etc.)

- Lichtquellen – IR-Prüflampen: Je nach Wellenbereich unterschiedliche Prüflampen zur Prüfung von IR-AntiStokes-Sicherheitsmerkmalen (Farben)
- Scanner – Kodierungen: Je nach System werden beispielsweise Scanner an Handhelds angeschlossen zum Auslesen von Kodierungen, diese werden mit den gespeicherten Informationen abgeglichen

Umgebungsparameter

Diese Art von Hilfsmitteln sind einsetzbar, wenn Verifizierungsvorgänge in akzeptablen und weitestgehend konstanten Umgebungsverhältnissen stattfinden. Der regelmässige Zugang – je nach Sicherheitstechnologie – zu gut ausgestatteten Basis-Stationen, ist gewährleistet und kurzfristig möglich.

Stationär prüfen

Stationär genutzte Technik/Technologien

Prüf-/Verifizierungstechnik dieser Kategorie kennzeichnen meist

- Komplexe Handhabung (fachliches Know-How ist unabdingbar)
- Ortsgebundener Einsatz (Stromquelle, konstante und geschützte Rahmenbedingungen)
- Prüfvorgänge von komplexen Systemlösungen
- Abgleich von Daten (bspw. Nummerierungen und Kodierungen) mit hinterlegtem und komplexem Informationsgehalt
- Aussagekraft von „Ja/Nein" bis hin zur eindeutigen und zweifelsfreien Produkt-Identifikation mit erweitertem Informationsgehalt (z.B. Produktionsdaten, Supply-Chain)

- Möglichkeiten zur detaillierten Analyse
- Möglichkeiten zur detaillierten Erfassung, Dokumentation und Report

Beispiele:

- Scanprozesse und Detailaufnahmen zur Analyse/Ermittlung von kodierten Teilchen, Partikeln, Fasern, Planchetten, etc.
- Scanprozesse und Detailaufnahmen zur Analyse/Ermittlung von Drucktechnologien, Raster/ Hidden-Image-Kodierungen/Digitale Wasserzeichen, etc.)
- Prozesse der Analyse/Ermittlung von magnetischen Strukturen und Darstellung von Frequenzbildern
- Abgleich versteckter Kodierungen und hinterlegten Algorithmen
- Spektralmessungen

Verifizierung als Teil der Sicherheitstechnologie

Bei stationären Prüf- und Meßmethoden ist oftmals der Verifizierungsvorgang bereits Teil der Sicherheitstechnologie und damit ebenso „schützenswert". Die Technologie ist dennoch soweit „mobil", dass sie – mit gegebener Infrastruktur – in nahezu jedem Land einsetzbar ist. In entsprechender Umgebung/Räumlichkeiten stehen eindeutige und verwertbare Ergebnisse relativ zeitnah zur Verfügung. Dies kann beispielsweise an zentralen Umschlags- und Handelsplätzen notwendig sein.

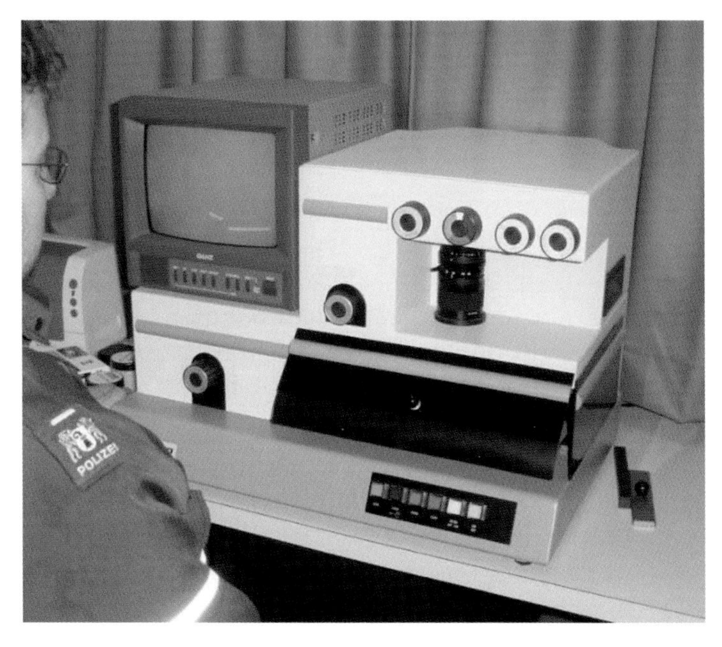

Abb. 2.2: Beispiel für eine stationäre Prüfstation (*Quelle: Zetos*)

3. Forensik

Laborprüfung

Die Nutzung von Sicherheitstechnologien des Prüflevels 5 verfolgt als Ziel nicht die Prüfung und Verifikation vor Ort, sondern die eindeutige, zweifelsfreie und gerichtsverwertbare Aussage über Fälschung oder Original im Labor.

Die Anwendung von forensischen Technologien beruht auf der Erkenntnis, dass im Prinzip nahezu alles gefälscht oder zumindest nachgeahmt werden kann – wenn der Fälscher darum weiss und entsprechendes Know-How und den Zugang hierzu hat. Forensische Merkmale kommen echtem Fälschungsschutz am nächsten, vorausgesetzt 'nur' der Rechteinhaber und Hersteller einer Sicherheitstechnologie wissen um die zu prüfende Technologie, und die zugehörige Prüfmethode wird geheim gehalten. Mit anderen Worten: 'Was keiner weiss oder kennt, kann auch keiner nachmachen.'

Hochsicherheit

Das Konzept von Hochsicherheitsprodukten beruht in starkem Maße auf diesem Prinzip. So werden bei Banknoten meist über 20 Technologien eingesetzt, wovon die Öffentlichkeit aber maximal 2/3 kennt. Dies kann ggf. soweit gehen, dass selbst bei völliger Zerstörung (z.B. durch Fäulnis, Brand, etc.), im Labor Spuren der Sicherheitstechnologie Aufschluss über die Nomination gibt. Sicherlich ist dies im Produkt- und Markenschutz in dieser Form selten notwendig, dennoch gibt es in Einzelfällen – beispielsweise bei Haftungsfragen/-aussagen – Bedarf an dieser Stufe der Sicherung.

Auswahl der technischen Möglichkeiten

Sicherheitstechnologien und -merkmale, welche ausschliesslich durch die forensische Untersuchung nachgewiesen werden, nutzen nahezu alle sich bietenden Möglichkeiten der Naturwissenschaften. Verständlicherweise kann im Rahmen dieses Werkes nur eingeschränkt ein Ausblick auf nutzbare forensische Technologien gewährt werden. Hierzu soll eine Auflistung sich bietender Analyse-, Messmethoden und Wirkungsweisen genügen:

- Optik (Prüfung/Messung von Streuung, Reflexion, Transparenz, Absorption)
- Farbraum-Bestimmung/Veränderung (CIE, LAB)
- Schichtstärken/-dicken-Messung
- Kontrastmessung

- Ondulation (lat. onda – Welle), Messungen in definierten/veränderten Frequenzbereichen wie bspw. Röntgen, UV, IR, Radiofrequenz, Radar, etc.
- Elektr. Strom/Leitfähigkeit
- Kapazität
- Elektrostatik
- Magnetismus
- Temperatur
- Mechanische Prüfung (bsp. Abrieb)
- Chemisch-reaktive Stoffe
- Chemisch-veränderte Stoffe
- Form- und/oder Farbgebung von Pigmenten und Partikeln
- Messung von Verteilung, Reinheit, Konzentration, spezifischem Gewicht, etc. von Stoffen, Isotopen, Molekülen, Partikeln, etc.
- DNA-kodierte Stoffe
- etc.

2.4 Substrate und Materialien

2.4.1 Holographie – Das besondere an Verpackung

Horst J. Lindemann

Mit den unterschiedlichen Gegebenheiten der weltweiten Zivilisationen, mit fortschreitenden Entwicklungen und Veränderungen, hat eine Verpackung immer neue Aufgaben zu erfüllen.

Kam es in früheren Zeiten im wesentlichen darauf an, das Produkt zu schützen, eine Botschaft über den

Inhalt zu geben und die Logistik zu unterstützen, so haben heute zwei weitere Faktoren allergrößte Bedeutung:

Funktion der Verpackung

1. die Verpackung als Werbeträger, und
2. die Verpackung als Bestandteil einer Sicherheitskonzeption.

In allen Fällen jedoch gilt folgendes zu berücksichtigen:

- die produktspezifische Anforderung,
- die begrenzte Lebensdauer,
- die Effektivität / Wirtschaftlichkeit / Kosten-/Nutzenrelation.

Holographie und Verpackung!

Geht das?
Ja, sinnvoll, außergewöhnlich, und Schutz vor Fälschung....
Unsinn ! Außerdem, ... viel zu teuer !

Das ist die Bandbreite der gängigen Diskussionen. Weltweit gibt es erstklassige Belege, die für den Einsatz holographischer Elemente im Bereich der Verpackung sprechen, auch als Bestandteil des Designs, aber vielmehr als Mittel zum Produkt- und Markenschutz.

Ort der Schutzeinbringung

Aber wo soll der Schutz angebracht werden und wie? Es soll sinnvoll, sicher, effektiv und wirtschaftlich sein. Soll der Schutz im Bereich der Packungsherstellung eingearbeitet oder aufgebracht werden (separate Prozesse möglicherweise), oder nach dem Füll- und Verpackungsprozess, z.B. mit Verschlusssiegel.

Vor was soll geschützt werden? Manipulation, Nachahmung, Fälschung? Hologramme als Erkennungsmerkmal oder als Sicherheitsinstrument ?

Schlüssiges Konzept

Neue, speziell in der Hochsicherheit entwickelte Technologien ermöglichen den Einsatz von komplexen OVDs (Optical Variable Devices), die mehr bieten als nur 'eine Reflexion des Lichtes'. Sie ermöglichen einwandfreie Verifikation auf Echtheit bis hin zu der Möglichkeit, Track- und Trace-Elemente – bestens geeignet für die Warenrückverfolgung – zu integrieren. Holographie im Bereich der Verpackung ist, nein, muss mehr sein als nur eine Komponente. Als Bestandteil eines schlüssigen Konzeptes bietet die Holographie nicht nur Elemente für ein anspruchsvolles, ästhetisches Design, sie bietet auch die Grundlage für ein umfassendes Sicherheitssystem. Fälschungen und Nachahmungen lassen sich dadurch nicht verhindern. Wichtig ist, das Original als alleinig authentisches Produkt zu identifizieren: einfach, sicher, schnell.

Hier ein kleiner Überblick der umfangreichen Methoden, holographische Dimensionen für beide Bereiche zu nutzen: Schönheit und Sicherheit (selbstverständlich auch in Kombination: Buy one, get two).

1. Die holographische Verpackung als Werbeträger

Verpackungsaufwertung

Vielfältige Möglichkeiten bieten sich an, die Holographie als Gestaltungselement zu benutzen. Auch wenn es relativ einfache Lösungen sein sollten, so erhöhen sich doch die Kosten zum Teil erheblich. Je nach Art und Umfang der Nutzung von holographischen Produkten kann dies die Gesamtskosten mehr als verdoppeln; aber, ein Produkt identifiziert sich nun einmal über die Verpackung. Außergewöhnliche, unverwechselbare Verpackung bedeutet auch eine wesentlich höhere Wiedererkennung des Produktes (Evergreen). Umsatzsteigerungen durch Mehrabsatz bei gleichen Kapazitäten führt zu verbesserten Deckungsbeiträgen. Außerdem – und das ist nicht ganz unbedeutend – dienen holographische Elemente auch erheblich der Produkt- und Markenabsicherung gegenüber Nachahmungen und Fälschungen ... doch zu diesem Thema später mehr.

Holographie als Bestandteil der Gestaltung findet sowohl im Bereich der Primär- als auch der Sekundär-Verpackung statt.

Primär-/ Sekundär-Verpackung

Folientypen

Bedingt durch die speziellen Anforderungen des Produktes bieten sich verschiedene Folientypen an, z.B. PET und BOPP, in Stärken von 12 – 40 my, entweder als direkte Einwickler oder als Laminierfolie. Solche Folien werden in großen Breiten, bis zu 1,60 m, gefertigt, wobei die Herstellungsprozesse immer ähnlich verlaufen: Rohfolie + Basisbeschichtungen + thermoplastischem Acryllack + holographischer Prägung + Metallisierung (Aluminium unter Vakuum). Zusätzlich können diese Folien mit verschiedenen Eigenschaften ausgestattet werden, so speziell zum Bedrucken, Versiegeln etc. Die Systeme sind lösemittelbasiert oder auch wasserlöslich, so dass die Bedingungen von BGA/FDA zu garantieren sind.

Holographische Motive

Die holographischen Motive können entweder sein: Standarddiffraktion, also endlose Phantasiemuster, oder endlos kundenspezifisch. Im Prinzip ist es auch möglich, ein kundeneigenes Einzelbild mit Steuermarken zu prägen, um später, je nach Druckverfahren, das Druckbild in Register zu dem holographischen Bild abzustimmen.

Papier

Außer in Folien wird auch in Papier holographisch geprägt - direkt - und für Verpackungszwecke eingesetzt; gestrichenes oder ungestrichenes Papier, ca. 70-80 g/m², das entsprechend für die holographische Prägung vorbereitet und bereits komplett metallisiert ist. In großer Breite, bis zu 2 Meter, wird mit einem dafür bearbeiteten Zylinder in das Material hineingeprägt. Vorteil bei Einsatz von solchen Zylindern: keine so genannten 'Shimlines'.[1] Als Motive kommen überwiegend endlose Diffraktionsmuster in Frage.

Etiketten

Andere Möglichkeiten, holographische Elemente zu nutzen, bieten sich an durch selbstklebende Etiketten oder aber durch den Einsatz von Heißprägefolie - Anbringung / Aufbringung: meistens offline, d.h. durch Extraprozesse.

Laminate

Substrate, in die man nicht direkt hineinprägen kann, lassen sich dennoch holographisch gestalten, und zwar entweder durch Laminierung (z.B. auf Karton) oder mittels Transferprozess (kalt). Typische Laminate: PET/PET - PET/Papier - PET/Karton - BOPP/BOPP.

Kalttransfer

Beim Kalttransfer-Verfahren wird zunächst ein PET, 12 my, mit einer Trennschicht und dem thermoplastischen Acryllack ausgestattet, anschließend geprägt und metallisiert. Im nächsten Schritt wird die metal-

1. 'Shimlines' entstehen bei der herkömmlichen Prägung, indem 'Prägestempel' (aus reinem Nickel) auf einen Zylinder gegeneinander montiert werden. Die feinen Spalten, also die Shimlines, sind dabei prozesstechnisch nicht zu vermeiden.

lisierte Seite gegen das entsprechende Material mit einem Kleber kaschiert. Je nach Kleber und Verfahren, direkt, oder nach einer Aushärtungszeit, wird das PET als Träger wieder abgezogen. So lässt sich z.B. auch geschäumtes Polystyrol als holographisches Produkt einsetzen. Auch gibt es Entwicklungen, in harte Stoffe, wie z.B. dünne Aluminiumfolien, direkt hineinzuprägen.

Herstellungs-verfahren

Die Herstellungs-Verfahren sind überwiegend Rolle/Rolle. Im Bereich Laminierung und Heißtransferierung über die gesamte Fläche sind auch Bogenmaschinen im Einsatz.

Holographische Folien sind in allen gängigen Verfahren zu verarbeiten bzw. zu bedrucken; sei es für flexible Verpackungen Rolle/Rolle oder im Faltschachtelbereich als Laminierfolie auf Karton und dann zum Bogen abgeschlagen.

Holographische Prägung, was ist das genau?

Shim

Von dem holographischen Bild oder der Struktur wird im galvanischen Prozess eine positive Prägeplatte – auch „Shim" genannt – hergestellt. Ähnlich einem Relief weist das Shim mikrofeine Linien auf, das so genannte Interferenzbild – etwa 2.000 Linien pro Längenmillimeter; Höhe der Linien: bis zu 350 nm. Ein solches Prägeshim – oder auch mehrere, je nach Maschinentyp und Breite – wird auf einen Zylinder montiert, und mit Hitze und hohem Druck die Linienstrukturen in einen thermoplastischen Acryllack geprägt. Trägermaterialien: überwiegend PET und BOPP, die pre-metallisiert sein können oder aber nach dem Prägevorgang unter Vakuum metallisiert werden, meist mittels Aluminium, Farbe: Silber. Andere Farben, wie z.B. Gold, Blau, Rot, Grün usw.,

Trägermaterial

Metallisierung

werden durch entsprechend eingefärbten Prägelack erzeugt. Der Einsatz anderer Metalle ist selten, aber dennoch möglich, so z.B. Chrom für besondere Haltbarkeit und Kupfer für bestimmte Leitfähigkeiten. Sogar Gold wurde schon genutzt.

2. Die Verpackung als Bestandteil einer Sicherheitskonzeption

Der Einsatz von holographischen Elementen für die Produkt- und Markenabsicherung setzt zum Teil wesentlich andere Bedingungen voraus. Die Verarbeitung bzw. Bedruckung – rein technisch gesehen – ist zwar nahezu gleich wie bei dekorativen holographischen Folien, die Handhabung jedoch komplett differenzierter.

Sicherheits-anforderungen

Absicherungs-stufen

Zunächst ist die Verfügbarkeit für ein Sicherheitsprodukt begrenzt und der Umgang mit solchen hausintern unter Kontrolle zu halten. Das Hologramm selbst ist komplexer, aufwändiger und damit teurer; die Menge allerdings in aller Regel geringer, weil eine Verpackung nur partiell damit ausgestattet wird. Je nach Herstellungsprozess können das sein: Heiß- oder Kaltprägefolien, aufgebracht als Einzelbild oder Streifen, auch ein selbstklebendes Sicherheitsetikett bzw. Verschlusssiegel oder auch Aufreißstreifen. In jedem Falle gilt, je näher das Hologramm am Produkt, desto höher die Sicherheit. Zum Beispiel bei Pharmaprodukten: holographische Sicherheitselemente, integriert in der Blisterpackung, ergeben einen höheren Sicherheitsstandard als ein holographisches Sicherheitslabel auf der Faltschachtel; wenn man berücksichtigt, dass vielerorts in der Welt Medikamente ohne Außenverpackung verteilt werden.

Informations-integration

Die Hologramme – in sich wesentlich komplexer – können eine Reihe von zusätzlichen Sicherheitselementen beinhalten. Aufwändige Masteringtechniken erlauben es, holographische und nicht-holographische Informationen im Bild zu integrieren bzw. zu verstecken. Nur mit Hilfsmitteln kann dies sichtbar gemacht werden, z.B. bei Mikro- oder Nanotext mit Lupen und Mikroskopen, oder, bei Laser überprüfbaren Elementen (CLR – Cover-Laser-Read-Element), nur mittels einer Laserdiode.

CLR

Nummerierung

Außerdem bietet sich an, den Sicherheitshologrammen eine fortlaufende Nummerierung zu geben, und zwar mit einem Laser. Dabei wird die hauchdünne Metallschicht, ca. 180 – 250 nm, entsprechend markiert. Das gilt für Heißprägefolie ebenso wie für selbstklebende Etiketten. Als eine weitere Steigerung der Sicherheit empfiehlt sich die De-Metallisierung der holographischen Folie, also eine Art Wiederherstellung von Transparenz, möglich bis zu etwa 70%. Im Flexo- oder Tiefdruckverfahren werden dabei vordefinierte, metallisierte Bereiche im Extraprozess 'ausgewaschen'.

De-Metallisierung

HRI-Folien

Komplett transparent dagegen sind sog. HRIC-Folien (High-Refractive-Index-Coating). Dabei wird die holographische Prägung statt mit Aluminium zum Beispiel mit Titandioxyd unter Vakuum beschichtet.

Verifikation von Hologrammen

Wie lassen sich Hologramme prüfen/überprüfen? Ist echt, was 'glitzert'?

Kopierschutz

Es gibt OVDs, die kopiert wurden: optisch – mit meist sichtbaren größeren Verlusten im Motiv, reproduziert – mit zum Teil sehr guten Resultaten und umgekehrt.

Generell gilt: Hohe Komplexität, eingebundene, versteckte holographische und nicht-holographische Informationen, spezielle Mastering-Methoden, Stereogramme und so genannte Multigramme, bieten ein Höchstmaß an Sicherheit.

Prüfung

Die Prüfung von Hologrammen oder OVD's erfolgt zunächst rein visuell, ohne Hilfsmittel. Glanz/Reflexion bietet den ersten Eindruck, Farbänderungen, Motivwechsel, Tiefe/Parallaxe, Kinetik, sind oft nur unter speziellen Lichtquellen (Spotlicht) sichtbar; bei Streulicht jedoch nicht verifizierbar.

30- bis 100-fach Lupen ermöglicht das Erkennen von Mikro-/Nanotext sowie der besonderen Dot-Geometrie. Wie schon erwähnt, kann man mit speziellem Laserlicht versteckte Informationen manuell, aber auch maschinell, auslesen. Eine so genannte Batch-Kodierung ist somit möglich, jedoch keine individuelle Produkt-Kennzeichnung.

Origination

Die Wahl der Masteringmethode – auch Origination genannt – bestimmt wesentlich die Optik des Hologramms sowie entscheidend die Sicherheit, und hat damit auch Einfluss auf die Herstellungskosten. Im Verpackungsbereich jedoch werden überwiegend Folien eingesetzt, die auch unter ungünstigen Lichtverhältnissen eine gute visuelle Wirkung erzielen. Solche Motive sind in aller Regel in computergenerierter Dot-Matrix-Methode erzeugt, mit vielen kinetischen Effekten. Andere Mastering-Techniken, wie z.B. 3D, 2D/3D, Stereogramme, eignen sich weniger für Verpackungsfolien, weil für die Betrachtung entsprechende Lichtquellen erforderlich sind.

Komplexität und Sicherheit

Generell gilt, die Gestaltung und Komplexität eines Hologramms – im Bereich der Verpackung als Produkt- und Markenschutz – ist abhängig von der jeweiligen Strategie und dem angestrebten Ziel. Komplexität bedeutet nicht automatisch höhere Sicherheit. Nur im Zusammenspiel mehrerer Komponenten ist es geeignet, mehr Kontrolle, mehr Sicherheit, über das eigene Produkt zu erlangen. Ein Produkt identifiziert sich über die Verpackung. Die Verpackung ist der äußere Beleg für Originalität. Die Einbeziehung optischer Sicherheitssysteme, hier Hologramme, geben der Verpackung eine individuelle Kennzeichnung; in der Gesamtheit sehr schwer nachzuahmen bzw. zu kopieren.

2.4.2 Holographische Sicherheitsetiketten

Wilfried Schipper

1. Schutzmaßnahmen gegen Produkt- und Markenpiraterie

Effizienter Produkt- und Markenschutz beginnt mit einer Vielzahl von Maßnahmen, die in der Verantwortung des Markenrechtsinhabers liegen.

Schutzrechte

Hierzu gehört Schutzrecht – Management betreiben, das bedeutet Anmeldung von Schutzrechten als Patent, Gebrauchs- und Geschmacksmuster, national und international. Weiterhin benötigt man kompetente Ansprechpartner im Unternehmen sowie effiziente Marktbeobachtung. Denn der Markenrechtsinhaber kennt seinen Markt, kennt die Schwachstellen im Vertriebssystem und kann zwischen seriösen und unseriösen Geschäfts- und Vertriebspartnern unterscheiden.

Öffentlichkeitsarbeit

Ein anderer wesentlicher Punkt ist die Öffentlichkeitsarbeit, um den

- Endverbraucher
- den Händler
- den Zoll
- die Ermittlungsbehörden und
- Detekteien

auf mögliche Fälschungen und ihre Folgen hinzuweisen. Dazu ist eine effiziente Produktsicherung unumgänglich.

Anforderungen an Produktsicherung

Die Anforderungen an Produktsicherung sind sehr hoch gesteckt und müssen mindestens folgendes erfüllen:

- absolut fälschungssicher sein
- leicht zu erkennen sein
- leicht zu kommunizieren sein
- einfach anzubringen, entweder auf der Verpackung oder dem Produkt
- verschiedene Sicherheitstechniken beinhalten
- Verfolgung der Güter innerhalb der „supply chain" gewährleisten
- niedrige Kosten

Dass holografische Sicherheitsetiketten diese Forderungen erfüllen, wird im folgenden erläutert.

2. Das Hologramm-Etikett

Sicheres Hologramm

Das Hologramm-Etikett mit seinen vielfältigen sichtbaren und unsichtbaren Sicherheitselementen, bietet heutzutage den wirksamsten Schutz gegen Produkt- und Markenpiraterie. Hologramme sind extrem fälschungssicher und lassen sich mit keinem bekannten Kopierverfahren auch nur annähernd vervielfältigen.

Hologramminhalt

Die Inhalte von Hologrammen lassen sich durch die auffällige optische Erscheinung leicht kommunizieren und erleichtern dadurch erheblich die Überprüfung. Sie weisen den Kunden umgehend darauf hin – dieses Produkt ist geschützt!

Die hohe visuelle Erkennbarkeit bietet zudem

- dem Markenrechtsinhaber
- dem Händler
- dem Zoll und
- den Ermittlungsbehörden

Originalitätssicherung

ohne zusätzliche Geräte die schnelle Entscheidung, ob es sich um ein Original oder eine Fälschung handelt.

Trägt das Produkt kein Hologramm ist von einer Fälschung auszugehen.

Zoll und Ermittlungsbehörden haben nur wenig Zeit, Kontrollen und umfangreiche Untersuchungen durchzuführen. Aufgrund einer sicheren und schnellen Feststellung kann das Risiko einer ungerechtfertigten Beschlagnahme stark gemindert werden.

Etikettausstattung

Weiterhin lassen sich prüfbare Merkmale in das Basismaterial – die Folie – einbringen (kundenspezifischer Zerstöreffekt). Durch die Ausstattung mit einer Vielzahl von Klebstoffen gibt es fast keinen Untergrund, auf dem ein Hologramm-Etikett nicht anzubringen wäre.

In einer Vielzahl von Anwendungen, wurde die hohe Flexibilität in der Anwendung von holografischen Sicherheitsetiketten bewiesen, wie z.B. spezielle Etiketten für Verklebung auf Gummi, Stoßdämpfer, große und schwere Verpackungen etc.

3. Nummerierung

Nummernvergabe

Ein weiterer großer Vorteil von Hologramm-Etiketten, ist die Möglichkeit eine manipulationssichere Nummerierung, als Grundlage für eine Rückverfolgbarkeit, einzubringen.

Lasergravur

Es kommt hier ausschließlich die Technik der Lasergravur zum Einsatz. Dabei wird die hauchdünne Aluminiumbeschichtung auf der Rückseite der Folie mit einem speziellen Laser verdampft. Diese Nummer lässt sich weder entfernen, noch in irgendeiner anderen Form manipulieren.

2D-Barcode-Nummerierung

Durch permanente Weiterentwicklung kann heute ebenfalls der so genannte „2D-Barcode" in das Hologramm „gelasert" werden.

Dadurch steht nun eine kostengünstige, maschinenlesbare Nummerierung zur Verfügung, die mit handelsüblichen Lesegeräten und Software problemlos ausgewertet werden kann.

Der „2D-Barcode" hat gegenüber dem bekannteren Strichcode den Vorteil, dass sehr viel weniger Platz benötigt wird, um eine mehrstellige alpha-nummerische Verschlüsselung unterzubringen. Ein 16-stelliger Code braucht z.B. nur eine Fläche von 4 x 4mm, ein Strichcode mit gleicher Ziffernfolge benötigt dafür mehr als das 20-fache an Fläche und ließe sich somit gar nicht in einem kleinen Hologramm unterbringen.

4. Track and Trace

Nummerierung und Logistik

Durch die manipulationssichere Nummerierung kann das Hologramm, wie zuvor beschrieben, in die logistische Kette eingebunden werden.

Für einen namhaften Kunden aus der Automobilindustrie wurde eine sehr praxisnahe Lösung entwickelt und umgesetzt. Vornehmlich ging es bei der Aufgabenstellung neben dem Produkt und Markenschutz, auch um die Kontrolle der Zulieferindustrie.

Praxislösung mit Datenbank

Eine 11-stellige alpha-nummerische Ziffernfolge wurde gewählt. Alle Lieferungen von Hologrammen mit den dazugehörigen Kodierungen, werden in einer Datenbank gespeichert. Auf diese hoch gesicherte Datenbank, hat nur der Kunde mit einem wechselnden Zugangscode Zugriff.

Jeweils zum Jahreswechsel wird ein neuer Code für den Zulieferer generiert, alle nicht verbrauchten Hologramme werden zusammen mit einem Inventurformular zurückgeschickt. Anschließend werden die Hologramme gezählt und die Daten vom Inventurformular auf logische Fehler überprüft. Die Ergebnisse werden in ein spezielles Auswerteformular übertragen.

Die endgültige Auswertung und Bewertung dieser Inventur erfolgt durch unseren Kunden.

Mit diesem Verfahren ist eine nahezu 100%-Kontrolle der Zulieferer möglich.

Zufallscode

Für eine umfassende „Track und Trace"-Lösung, um ein Produkt über die komplette Lebensdauer zu verfolgen, ist diese Form der Nummerngenerierung nur eingeschränkt zu gebrauchen. Lösungen bieten hier nur zufallsgenerierte Codes.

Die Codes werden

- zentral in einem Rechenzentrum über spezielle mathematische Algorithmen generiert, einmalig und individuell
- in das Hologramm geschrieben
- auf das Produkt oder die Verpackung appliziert, gelesen und
- über das Rechenzentrum „scharf" geschaltet
- in den Logistikkreislauf gegeben.

Überprüft wird der Code an allen relevanten Stellen. Jede Kommunikation wird mit den relevanten Daten gespeichert und baut mit der Zeit eine Legende für jedes Produkt auf. Diese kann überall auf der Welt mit Hilfe des Internets abgefragt werden.

In Sekundenschnelle kann geprüft werden, ob es sich um ein Originalteil handelt, ob es in der richtigen Verpackung ist oder ob es überhaupt in dem jeweiligen Land sein darf.

Je mehr Prüfungen stattfinden, desto mehr Informationen erhält man über den Werdegang des Produktes. Dies erhöht die Sicherheit enorm und erlaubt, gerade wenn man den Endverbraucher miteinbezieht, eine Vielzahl von interessanten Marketingmaßnahmen.

Natürlich lassen sich alle Kommunikationsdaten auch zentral auswerten und in kundenindividuellen Statistiken darstellen.

5. Weitere Sicherheitstechnologien

Kompatibilität von Sicherheitstechnologien

Bei dem Einsatz weiterer Sicherheitstechnologien auf holografischen Sicherheitsetiketten geht es in erster Linie darum, auch bisher nicht vollständig gesicherte Bereiche abzudecken. Die ausgewählten Technologien sind ausschließlich versteckte Merkmale, die zu dem bisher vorgestellten Konzept kompatibel und ergänzend sind. Sie lassen sich sowohl auf der Verpackung, als auch auf dem Etikett, dem Produkt und dem Hologramm aufbringen und/oder integrieren.

Sie bieten eine weitere schnelle, sichere und maschinenlesbare Identifizierung sowie zum Teil gerichtverwertbare Beweiskraft.

BIOCODE©

Biocodierung mit Schlüssel/ Schloss-Prinzip

Bei dem BIOCODE©-Verfahren handelt es sich um eine aus der Biologie bekannte Körper-Antikörper-Reaktion, die auch Schlüssel/Schloss-Prinzip genannt wird.

BIOCODE© hat zu gebräuchlichen organischen Chemikalien Antikörper entwickelt. Diese werden in einem einfachen „Testkit" eingebettet, der einem handelsüblichen Schwangerschaftstest ähnelt und genauso einfach zu bedienen ist.

Die organischen Chemikalien sind stabil, geprüft und sogar für den direkten Einsatz in Lebensmitteln freigegeben. Sie werden in geringster Konzentration (ppb = parts per billion) je nach Anwendungsgebiet (Lacken, Farben, Flüssigkeiten etc.) beigegeben. Sie lassen sich auf fast allen Materialien applizieren und decken somit auch die „on-product" Aufgaben ab.

Die wesentlichen Vorteile dieser Technologie sind:

- Test vor Ort ohne Laborausstattung durchzuführen
- völlig verborgen und sicher
- lässt sich mit keinem bekannten analytischen Messverfahren detektieren
- besitzt gerichtverwertbare Beweiskraft (durch Gutachten bestätigt)

Digitales Wasserzeichen

Kryptographie

Bei dieser Technologie handelt es sich um eine innovative digitale Sicherheitslösung, basierend auf kryptografische und steganographische Techniken.

Druckdatenveränderung

Druckdaten, z.B. ein vorhandenes Logo, werden so verändert, dass ein eindeutiges kundenspezifisches digitales Bild entsteht. Die Veränderungen sind kaum sichtbar und werden zusammen mit allen anderen unveränderten Daten auf die Verpackung und/oder das Etikett des Produktes gedruckt. Durch das Einfügen in vorhandene Druckprozesse ist dieses Verfahren sehr kosteneffizient.

Lesbarkeit

Das digitale Wasserzeichen ist maschinenlesbar und enthält im einfachsten Fall eine Ja/Nein-Information, kann jedoch auch weit vielfältigere „Tracking"-Informationen enthalten, um z.B. Verpackungen und Etiketten für einen bestimmten Zulieferer zu kennzeichnen. Hiermit ist dann auch der Missbrauch von überschüssigen Verpackungen und Etiketten nahezu ausgeschlossen.

Einfache Lesegeräte, wie Webcam oder Handy mit Digitalkamera, mit entsprechender Software werden genutzt, um das digitale Wasserzeichen zu entschlüsseln.

Die eingebetteten Sicherheitsinformationen sind verborgen und stellen ein geringes Risiko für potentielle Angriffe dar.

6. Gezielt in der Wirkung

Maßgeschneiderte Lösung

Effektiver Produktschutz kann niemals von der Stange kommen, sondern muss immer maßgeschneidert sein, wenn er wirkungsvoll sein soll. Das kundenspezifische Konzept für den FC Bayern München hat den Anteil der Fälschungen im Fanartikelbereich von über 50% auf unter 5% reduziert. Dieses Ergebnis ließ die Gesichter des Vorstandes strahlen und andere Plagiat geschädigte Firmen hoffnungsvoll in die fälschungsfreie Zukunft blicken. Viele von ihnen, aus der pharmazeutischen Industrie, Automobilzulieferer und Markenartikel-Hersteller, aber auch Behörden und Regierungen, die Probleme mit gefälschten Dokumenten haben, setzen Hologramme zum Originalschutz ein.

Stellenwert des Hologramms

Das Hologramm hat sich in den letzten 15 Jahren als Sicherheitsmerkmal weltweit etablieren können. Nicht nur im Hochsicherheitsbereich auch im Produkt- und Markenschutz haben sich Hologramme durchgesetzt und ihre Berechtigung bewiesen.

Der angenehme Nebeneffekt eines Hologramms ist die Wertsteigerung des Produktes. Es erregt Aufmerksamkeit und verbessert das Image. Durch die allgemeine Bekanntheit als Originalitätsbeweis auf Kreditkarten, Banknoten, etc., gibt es dem Kunden ein Gefühl der Sicherheit. Und das ist es schließlich, was jeder möchte: die Sicherheit, Original-Qualität zu erhalten, nicht zuletzt für die eigene Gesundheit und das Leben.

2.4.3 Sicherheitspapiere

Florian Kohler

Verpackungsmaterialien, insbesondere Kartonverpackungen, hatten ursprünglich zur Aufgabe, Waren ausschließlich zu schützen.

Aufgabe des Papiers/Kartons

Im Rahmen der starken Hinorientierung zum Konsumenten hat das Material Papier/Karton weitere wichtige Zusatzaufgaben übernommen.

In Verbindung mit der Druckveredelung ist dem Material gerade bei hochwertigen Produkten wie Kosmetika, Schmuck und Edelsüßigkeiten die Rolle des schmückenden Kleides zugekommen.

Wenn nun aber ein edles Produkt eine mindestens so schöne Präsentation aufweist, werden fast zwangsläufig Imitatoren und ungewollte Vertriebswege aktiv.

Abb. 2.3: Contact und Overpack

Somit kann und muss der „Stoff" Papier/Karton auch neue Sicherheitsaufgaben übernehmen, will er das kostbare Gut auch vor solchen Übergriffen schützen.

Einige Papierhersteller haben Entwicklungen vorangetrieben nach der Maxime: nicht schön oder sicher, sondern: attraktiv und dadurch noch sicherer.

Sicherheitsfeatures

Auf dieser Basis werden die verschiedenen Sicherheitsfeatures (= Möglichkeiten, ein/en Papier/Karton sicherer zu machen) derart eingesetzt, dass die neue Hülle auch noch wertiger erscheint.

So kann über eine spezielle Massefärbung ein tiefes emotionales Gefühl gezielt erzeugt werden und gleichzeitig die Nachahmung durch Nachdruck der Farbe ausgeschlossen werden.

Abb. 2.4: Papiermaschine

Fasern

Unter Verwendung verschiedener „Stoff-Rezepturen" werden Imitationen außerhalb der Papiermaschine gar unmöglich. So können sofort sichtbare, oder nur unter bestimmten Lichtquellen sichtbare Fasern eingesetzt werden. Diese ergeben ästhetisch eine Dreidimensionalität, welche Produktdesignern neue ästhetische Möglichkeiten eröffnet.

Zurecht spricht man von unnachahmlicher Schönheit, wenn der Kunde von einem Produkt bzw. seiner Optik überwältigt ist.

Optische Effekte

Sicherheitsbeschichtung

Diese auch sicherheitstechnische Unnachahmlichkeit kann durch neuartige Oberflächenveredelungen erreicht werden. Hier haben Papierhersteller in den letzten Jahren insbesondere in der Oberflächenprägung sowie der Effektbeschichtung neue Wege begangen. Prägungen, welche mit dem Auge kaum noch wahrnehmbar sind, werden mit hauchdünnen Schichten (2 – 10 Mikron) überzogen. Diese Technik erzeugt Lichtbrechungseffekte, welche sonst nur von reinen Kristallen erreicht werden. Ergänzt kann dieser Effekt werden durch die Zugabe von speziellen Lichtbrechungspigmenten.

Produktdesigner können zukünftig mit Freude alle Sicherheitsaspekte eines Hersteller gezielt einsetzen, um sich bei jedem „Verschönerungsschritt" in der Gewissheit erhöhter Produktsicherheit zu wissen.

Neben technischen und ästhetischen Eigenschaften, können hier auch Sicherheitsaufgaben erfüllt werden.

Es existieren unterschiedliche Sicherheitsfeatures. Diese können zur Erhöhung der Sicherheit auch kombiniert werden.

Tab. 2.3: Sicherheitsfeatures

Sicherheits-features	Variations-möglichkeiten	Sicherheits-koeffizient*	einsetzbar ab
Farbe	• Systemfarbe (Standard)	1	200 kg
	• Sonderfarbe	2	2.000 kg
Rezeptur	• Fasern		
	• pflanzlich	2 - 3	2.000 kg
	• synthetisch	2 - 3	2.000 kg
	• metallisch	3	2.000 kg
	• Pigmente	2	2.000 kg
	• Stoffzusammen-setzung	2	2.000 kg
Oberflächen-prägung	• grobe Strukturen	1	200 - 2.000 kg
	• Microprägung	2	200 - 2.000 kg
	• variable Glätten	1	200 - 2.000 kg
	• Prägung mit Kun-denlogo	2 - 3	2.000 kg
Wasser-zeichen	• hell	2	2.000 kg
	• dunkel	3	2.000 kg
Oberflächen-beschichtung	• farblich	1	1.000 - 2.000 kg
	• Effekt	1 - 2	1.000 - 2.000 kg
	• Haptik	2 - 3	1.000 - 2.000 kg
Fluoreszenz	• Melierfasern	3	2.000 kg
	• Oberfläche	3	200 - 2.000 kg

*Sicherheitskoeffizient:
1 = leichte Erkennbarkeit der Sicherheit - mittlere Fälschungssicherheit
2 = mittlere Erkennbarkeit der Sicherheit - hohe Fälschungssicherheit
3 = schwere Erkennbarkeit der Sicherheit - sehr hohe Fälschungssicherheit

2.4.4 Sicherheitsfarben

Samuel Schindler

Einführung

Verpackungsdruck

Der wichtigste Werkstoff im Verpackungsdruck, neben den Materialien Folien und Papier, sind die Druckfarben. Heutzutage kann der Drucker für jede im Verpackungsdruck genutzte Drucktechnologie und deren Anforderungen auf das Substrat abgestimmte Druckfarben erhalten.

Im Bereich Sicherheitsdruck sind die Rahmenbedingungen hinsichtlich Drucktechnik und Substrate hiervon durchaus abweichend. Da sich die Anwendungen von Sicherheitstechnologien im Verpackungsdruck und für den Einsatz von Produkt- und Markenschutz in den Anfängen befinden, ist das Know-How und die Erfahrung bislang nicht in dem Masse vorhanden, wie sich das der Verpackungsdrucker wünscht und erwartet.

Druckfarbe und Sicherheit

Als umsetzende Einheit von Kundenwünschen kennt jeder Drucker die „üblichen" Schwierigkeiten mit Standardfarben. Die Problemstellungen mit Spezialfarben zum Erzielen spezieller Effekte sind selbst für leistungsstarke Verpackungsdrucker eine Herausforderung. Die Anforderungen an den Drucker beim Einsatz von Sicherheitsfarben gehen darüber hinaus.

Verstärkt wird dies durch einige eigene Regeln des Sicherheitsmarktes:

Rezepturen

Nahezu jeder Sicherheitsdrucker hat eine eigene Farbmischerei, folglich entwickelt dieser damit eigene Rezepturen und mischt (teilweise) „seine" Farben selbst. Er nutzt hierzu eigenes und fremdes Know-How und Erfahrungen, welche er verständlicherweise nicht dem Markt zur Verfügung stellt.

Abb. 2.5: Sicherheitsfarben-Produktion
(*Quelle: Petrel*)

Reglementierungen

Eine weitere Besonderheit des Marktes ist, dass verschiedene Sicherheitsfarben nur für bestimmte Produkte, Produkt- oder Marktbereiche zur Verfügung stehen, und damit dem Produkt- und Markenschutz und dem Verpackungssektor nicht zugänglich sind.

Teilweise erscheint dies Branchenfremden kontraproduktiv, aber es wird jedem einleuchten, dass Sicherheitstechnologien nur dann als sicher zu bezeichnen sind, wenn der Kreis der Know-How-Träger möglichst klein ist.

Technische Rahmenbedingungen

Technische Grenzen

Sicherheitsdrucker gehen an die Grenzen des physikalisch und chemisch Machbaren. Je kontrollierter und beherrschbarer die Prozesse und Einflussgrößen sind, desto einfacher haben es die Integratoren – aber auch die potentiellen Fälscher.

Da Sicherheitsfarben durch Ausnutzen physikalisch-chemischer Effekte erzielt werden, sind folglich die Grenzen ebenso physischer und/oder chemischer Natur.

Abb. 2.6: Sicherheitsfarben-Produktion (*Quelle: Petrel*)

Einsatzgebiete

Bis auf wenige Ausnahmen lassen sich Sicherheitsfarben nicht in allen Drucktechniken nutzen. Wichtige Faktoren wie zu bedruckendes Material/Substrat (kritisch: Folien und Kunststoffe), Farbton, Farbkraft, Deckungsvermögen, Brillanz, Beständigkeiten, Lichtechtheiten, Abriebfestigkeit, Trocknungsart, Einsatz von Druckhilfsmitteln, Benetzung, Siegelfestigkeit, etc., verringern ebenfalls die Auswahlmöglichkeiten.

Produktüberblick

Nachfolgend eine Auflistung verfügbarer Farben für Produkt- und Markenschutz-Anwendungen:

- Fluoreszierende Farben
- Anti-Copy-Farben
- Metallreagierende Farben
- Irisierende und optisch variable Farben
- Reaktive Farben
- Thermochrome Farben
- IR-Farbe

Fluoreszierende Farben

Einsatzgebiete und Prüfung

Fluoreszierende Farben werden unter UV-Licht sichtbar. Diese Farben werden auf vielen Sicherheits- und Wertdrucken eingesetzt. In vielen Laden-Geschäften werden beispielsweise Banknoten hiermit auf Echtheit geprüft. Diese einfachen UV-Prüflampen strahlen auf einer Wellenlänge von 365nm (auch als „Schwarzlicht" bekannt), die Farben remittieren im sichtbaren Bereich in den Farben gelb/grün, rot oder blau. Fluoreszierende Farben sind mit oder ohne Körperfarbe, und für jede Drucktechnologie sowie UV-Trocknung erhältlich. Diese Farben können mit Lack überdruckt oder kaschiert werden und haben eine Lichtechtheit von 2 bis 4. Die Eindeutigkeit des Prüfergebnisses ist stark von der Pigmentierung der Farbe abhängig.

Profil: Produkt, unsichtbar, Sicherheitslevel 2, Prüflevel 3

Abb. 2.7: Fluoreszierende Farbe unter UV-Licht (*Quelle: Petrel*)

Anti-Copy-Farben

Kopierschutz

Einsatzgebiet

Anti-Copy-Farben sind verwandt mit den Fluoreszierenden Farben und sind konzipiert worden – wie der Name bereits ausdrückt – um Farbkopien (damit die schnelle und einfache Kopie) eines Sicherheits- und Wertdruckes zu verhindern. Häufigstes Einsatzgebiet sind alle Arten von Tickets (Fahrkarten, Eintrittskarten, Flugtickets). Die gängigsten Farben sind jeweils leuchtendes Gelb, Orange, Rosa/Rot, Grün und Blau. Ihre hohe Leuchtkraft, speziell in Verbindung mit UV-Licht, lassen die Kombination eines optisch-nutzbaren Kaufreizes und einfachster Sicherheit zu. Diese Farben können mit Lack überdruckt oder kaschiert werden und haben eine Lichtechtheit von etwa 3.

Profil: Produkt, sichtbar, Sicherheitslevel 2, Prüflevel 3

Metallreagierende Farben

Prüfung von Farbe mittels Münzen

Diese Farbe – auch als „Coin-Reactive Ink" bekannt – besticht durch die einfache Prüfung mittels Zuhilfenahme eines metallischen Hilfsmittels (Münze, Ring). Die Farbe (Körperfarbe „weiß") verfärbt sich bei Kontakt mit Metall irreversibel dunkel und ist damit nur für die Einmalprüfung geeignet. Metallreagierende Farben dürfen natürlich nicht durch Lacke oder Folien-Kaschierungen „geschlossen" werden.

Profil: Produkt, sichtbar weiß, Sicherheitslevel 2, Prüflevel 2

Abb. 2.8: Metallreagierende Farbe (*Quelle: Petrel*)

Thermochrome Farben

Temperatur als Prüfparameter

Thermochrome Farben verändern ihre Farbe reversibel in einem definierten Temperaturbereich. In verschiedenen Abstufungen (von etwa -15 bis +60°C) werden die Farben bei Erreichen der Temperatur transparent. Eine Thermochrome Farbe T35°C kann beispielsweise durch einfaches Reiben mit dem Finger geprüft werden. Sie sind für alle Drucktechnologien erhältlich und können mit Lack überdruckt oder kaschiert werden.

Profil: Produkt, sichtbar, Sicherheitslevel 3, Prüflevel 2

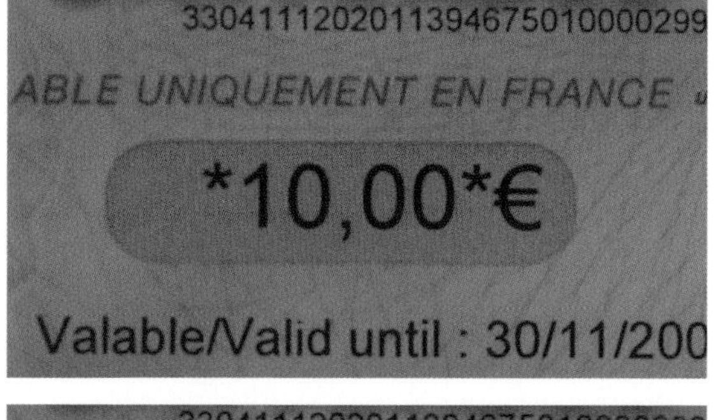

Abb. 2.9: Thermochrome Farbe vor und nach Prüfvorgang (*Quelle: Petrel*)

Reaktive Farben

Reaktionsparameter

Reaktive Farben verändern bei Kontakt mit lösemittel- oder wasserbasierten Stoffen, Basen oder Säuren, ihre Farbe. Die Reaktion kann irreversibel oder reversibel und von unterschiedlicher Stärke sein. Die Verifizierung kann teilweise mittels Prüfstift bis hin zur forensischen Untersuchung erfolgen. Da in den verschiedenen Drucktechnologien unterschiedliche Chemikalien zum Einsatz kommen, liegt eine starke Abhängigkeit der Rahmenbedingungen zu Grunde. Weiterhin sollten nur Materialien mit einem PH-Wert zwischen 5,3 und 5,7 bedruckt werden. Farben dürfen nicht durch Lacke oder Folien-Kaschierungen „geschlossen" werden.

Profil: Produkt, sichtbar/unsichtbar, Sicherheitslevel 3 bis 4, Prüflevel 2,5

Irisierende Farben und optisch variable Farben

Optische Effekte

Diese Farben lassen sich schnell und einfach ohne Hilfsmittel verifizieren und erfüllen damit die Anforderungen des Handels und der Verbraucher. Grundlage der unterschiedlich zu erzielenden Effekte – welche zudem einen dekorativen Zweck erfüllen können – sind die physikalischen Eigenschaften der Pigmente.

Effektpigmente

Neben den Absorptionspigmenten gibt es noch zwei Gruppen der Effektpigmente:

- Metallpigmente
- Perlglanzpigmente

Absorptionspigmente

Absorption

Absorptionspigmente sind anorganische oder organische Pigmente, welche einen bestimmten Wellenbereich des Lichtes absorbieren, der Farbeindruck entsteht durch die remittierten Bestandteile des weißen Lichtes. Kennzeichnend sind die unregelmäßige Form der Pigmente, die gleichmäßige Streuung des Lichtes in alle Blickrichtungen und des vergleichsweise geringen Glanzes.

Metallpigmente

Metalle

Metallpigmente bestehen aus Aluminium- oder Bronzeplättchen, die das Licht stark reflektieren und so den typischen metallischen Ausdruck erhalten.

Perlglanzpigmente

Lichtbrechung

Perlglanzpigmente basieren auf der Brechung des Lichtes in die Farben eines Regenbogens. Der visuelle Eindruck ist ein silberweißer, schimmernder Glanz, vergleichbar mit dem optischen Effekt von Perlen.

Glimmer

Perlglanzpigmente bestehen aus transparentem plättchenförmigen Glimmer, mit einer dünnen Schicht Titandioxid. Titandioxid hat einen hohen Brechungsindex mit einem hohen Glanzgrad, eine hohe Lichtechtheit und ist toxikologisch unbedenklich.

Abhängig von der Teilchengröße variieren die Effekte von relativ deckend seidigem Glanz, bis hin zu geringem Deckvermögen mit brillant strukturierten Reflexionen.

Diese Art der Perlglanzpigmente sind weltweit bekannt geworden durch den Markennamen „Iriodin®", eingetragenes Warenzeichen der Firma Merck KGaA.

Interferenzpigmente

Interferenz

Werden die Titandioxid-Schichten auf den Glimmerplättchen verstärkt, so verändert die Interferenz durch die Aufspaltung des weißen Lichtes die farbliche Wirkung. Es entsteht in Abhängigkeit des Betrachtungswinkel ein ausgeprägter „Farbflop".

Optisch variable Effektpigmente

Changierende Farbe

Basierend auf der Weiterentwicklung von Schicht-Substraten sind durch den Einsatz von Siliziumdioxid und hochbrechenden Metalloxiden, neue sehr reine brillante Interferenzpigmente mit gorniochromatischen Eigenschaften entstanden. Der Farbeffekt – das Changieren der Farbe – ist abhängig von der Blickrichtung, des Lichteinfalls und der Position des Betrachters.

Sicherheitsanwendungen

Effektpigmente haben sich sowohl im dekorativem Bereich als auch bei Sicherheitsanwendungen etabliert. Im Einsatzgebiet der Sicherheit sind aus den vielen möglichen farblichen Kombinationen speziell ausgewählte Farbwechsel „gesperrt" und bieten damit effektiven Schutz.

IR-Farben

Einsatz von IR-Farbe

IR-Farben sind generell in zwei Gruppierungen zu unterteilen:

1. IR-Farben, verifizierbar mittels spezieller IR-Lichtquelle in Kombination mit Kamera- oder Scanner-System, remittierend im unsichtbaren Wellenbereich >780nm, Prüflevel 4;
2. IR-Farben, verifizierbar mit definierter IR-Lampe, remittierend im sichtbaren Wellenbereich (Up-Converting-Prinzip/Anti-Stoke-Effekt), Prüflevel 3;

IR-Farben sind transparent oder in bestimmten Körperfarben und für jede Drucktechnologie sowie UV-Trocknung erhältlich. Die Eindeutigkeit des Prüfergebnisses ist wesentlich von der Intensität der Pigmentierung abhängig. IR-Farben können mit Lack überdruckt oder kaschiert werden.

Profil:
(1) Produkt/System, unsichtbar, Sicherheitslevel >3, Prüflevel 4;
(2) Produkt, unsichtbar/sichtbar mit Prüflampe, Sicherheitslevel 3, Prüflevel 3

2.4.5 Sicherheitsmerkmale aus der Biotechnologie

Stephanie Geier

Gentechnologie

Unter den Begriff Biotechnologie fallen alle Technologien, die biologische Vorgänge oder Prinzipien nutzbar machen. Höchste öffentliche Aufmerksamkeit kommt hier der Gentechnik und der Molekularbiologie zu. Aus der Presse sind Themen wie genetisch veränderte Nahrungsmittel (Soja, Mais) und molekularbiologische Analysen, in der Kriminalistik und bei zweifelhaften Vaterschaften bekannt. Informationstragende Biomoleküle bieten darüber hinaus weitere interessante Einsatzmöglichkeiten, z.B. als Biomarker im Bereich Produkt- und Markenschutz.

Marker

Moleküle

Alle biotechnischen Marker basieren auf nicht-sichtbaren Biomolekülen. Unter Biomolekülen versteht man zusammengesetzte Strukturen aus mehreren Untermolekülen, die funktionelle Aufgaben in lebenden Organismen erfüllen. Aus dieser Gruppe eignen sich als Biomarker insbesondere Antikörper aus dem Bereich der Immunologie und DNA (Desoxyribonukleinsäure) aus dem Bereich der Molekularbiologie.

Antikörper

Diese molekularen Komponenten besitzen die Eigenschaft, einen Bindungspartner selektiv nach dem Prinzip von Schlüssel und Schloss zu erkennen. Derartige Reaktionen können heutzutage durch mehr oder weniger aufwändige biochemische Nachweisverfahren sichtbar gemacht werden.

Nachweis

Alle biotechnologischen Kennzeichnungen lassen sich forensisch durch Labortests nachweisen, was bedingt durch den Zeit- und Arbeitsaufwand oftmals zu hohen Kosten führt. Um dies zu umgehen, bieten einige Anbieter Vor-Ort-Test-Systeme an, die eine physikalische Ja/Nein-Antwort zur Echtheit geben. Hierbei ist zwischen dem unspezifischen Test, also der alleinigen Aussage über Anwesenheit des Biomoleküls und dem spezifischen Nachweis, dem Nachweis eines individuellen Bio-Codes, zu unterscheiden.

Fälschungssicherheit

Die Fälschungssicherheit ist eng mit den Möglichkeiten zur Analyse bzw. des Nachweises verknüpft. Je spezifischer das Biomolekül nachgewiesen werden kann, desto eindeutiger und damit sicherer ist es, dass es sich um eine echte Markierung handelt.

Antigene-Antikörper-Wechselwirkung

Die US-Firma *Authentix* bietet Sicherheitsmarkierungen, die aus der Immunologie abgeleitet sind und auf Antigenen basieren. Antigene sind organismusfremde Stoffe, die von spezifischen Antikörpern erkannt werden und so im Organismus zu einer immunologischen Antwort führen. *Authentix* nutzt diese Antigen-Antikörper-Wechselwirkung zum Nachweis der als Markierung verwendeten Antigene. Die Antigene werden in Druckfarbe dispensiert aufgedruckt und können in wenigen Minuten mittels eines biochemischen Streifentests nachgewiesen werden. Der Antikörper im Teststreifen erkennt hierbei spezifisch das aus der Farbe gelöste Antigen, was durch einen Farbumschlag ersichtlich wird.

DNA-Marker

Der Großteil der Anbieter jedoch verwendet DNA – das Trägermolekül der genetischen Information. DNA steht für das englische „Desoxyribonucleinic acid" und bezeichnet die Struktur einer Molekülkette der vier informationstragenden Bausteine A (Adenosin), C (Cytosin), T (Thymin) und G (Guanin). Eine determinierte und in sich abgeschlossene Sequenz der 4 Bausteine A, C, T und G wird vom Organismus in Proteine und andere Produkte übersetzt, und bildet so die kleinste Einheit der Informationsübertragung im Organismus. Im übertragenen Sinne sind A, C, T und G die molekularen Buchstaben, mit denen die Bauanleitung der Natur geschrieben ist.

Verarbeitung von DNA

DNA lässt sich gut in wässrigen Lösungen einbringen und kann mit wasserbasierten Drucktinten verdruckt werden. Bereits kleinste Mengen an DNA können mittels Labortests nachgewiesen werden. Neben den Labortests bieten manche Anbieter zusätzlich einen unspezifischen Vor-Ort-Test an, bei dem die Anwesenheit eines Moleküls aus der biochemischen Stoffklasse nachgewiesen wird. Eine wesentliche technische Verbesserung bietet das deutsche Unternehmen *identif GmbH* an: Durch eine geschickte Kombination neuartiger biochemischer Testmethoden kann ein präziser und sequenz-spezifischer Vor-Ort-Test durchgeführt werden. Einfache Hilfsmittel wie ein Detektionsstift und ein Handlesegerät, ermöglichen die sichere Authentifizierung innerhalb von Sekunden.

DNA-Nachweis

Das US-Unternehmen *Applied DNA Science* stellt Codes unter Verwendung von einer oder mehreren natürlichen DNA-Quellen her. Der Nachweis erfolgt über einen unspezifischen chemischen Farbumschlag nach Bestreichen mit einer Testflüssigkeit. Dieser Nachweis kann bis zu 50 Mal an derselben Markierung durchgeführt werden.

DNA Technologies aus Australien verwenden ebenfalls natürlich vorkommende DNA, die mittels Druckfarbe aufgebracht wird. Der Vor-Ort-Test wird mit unspezifischen Fluoreszenzmarkern durchgeführt, der forensische Nachweis erfolgt im Labor mittels PCR.

Synthetische Herstellung

Identif GmbH verwendet im Gegensatz zu den vorher genannten Anbietern keine natürliche DNA, sondern stellt Sequenzen von ca. 20 Bausteinen synthetisch her. Die Kombinatorik der vier verschiedenen Bausteine ergibt bei einem DNA-Molekül von 20 Bausteinen 10^{12} (4^{20}) verschiedene Codes. Diese einmaligen Codes werden als molekularer Fingerabdruck exklusiv an Markeninhaber oder Produktreihen vergeben. Diese Markierung ist individuell, nicht analysierbar und bietet somit höchste Sicherheit vor Fälschung.

Diese DNA-Technologie von *identif* ermöglicht es, die zusätzlich zum Preis der DNA-Markierung entstehenden Kosten, bei Implementierung und Kontrolle auf ein Minimum zu beschränken. Die DNA-Markierung wird auf die bevorzugte Druckfarbe angepasst und das Lesegerät spart lange und teuere Labortest ein.

Inkjet-System

Des Weiteren bietet *identif* Inkjet-Systeme an, mit denen die DNA-Markierung in der Produktionslinie direkt auf die zu markierenden Güter oder Verpackungen aufgedruckt werden kann. Diese Konzentration der Sicherheitslogistik auf die Produktionslinie, schafft nicht nur höhere Sicherheit, sondern hilft zudem noch weitere Kosten zu sparen.

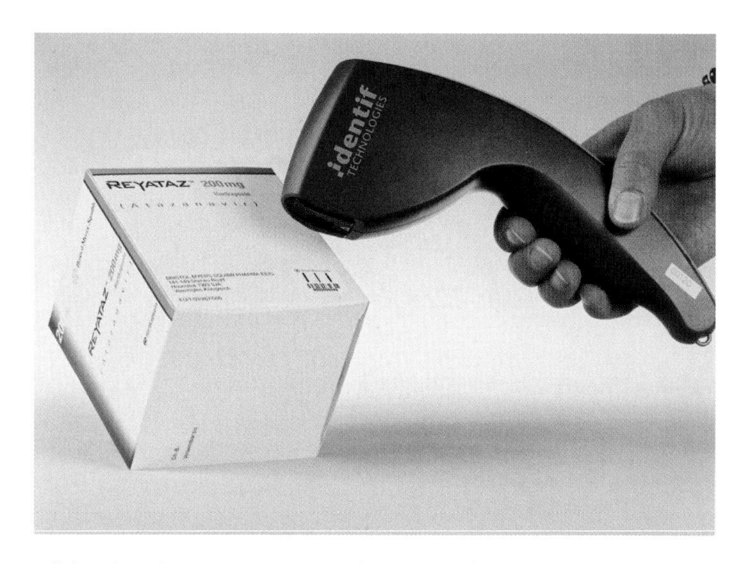

Abb. 2.10: Die DNA-Markierung (oberhalb des Barcodes) verbindet höchstmögliche Sicherheit und schnelle Verifizierung vor Ort.

Resumee

Hochsicherheit

Alle Produktkennzeichnungssysteme aus dem Bereich Biotechnologie befinden sich im Hochsicherheitsbereich. Um die beschriebenen Techniken zu beherrschen, sind wissenschaftliche Kenntnis, praktische Erfahrung sowie hochmoderne Laborausrüstung Voraussetzung. Der Sicherheitslevel steigt zusätzlich mit der Verwendung von individuellen Codes.

Effizienz

Ein weiterer Pluspunkt ist die hohe Kosteneffizienz der Biotech-Markierungen, da die Biomoleküle in sehr geringen Mengen mittels Druckfarbe direkt auf Etiketten oder Umverpackungen aufgebracht werden. Allerdings sind Folgekosten bei der Kontrolle, wie Labornachweise etc., zu beachten. Ein schneller und vor Ort durchführbarer Test, ist gegenüber aufwändigen und langwierigen Labortest von finanziellem und zeitlichem Vorteil.

Beständigkeit

Es liegt in der Natur der Biomoleküle, dass sie nicht unbegrenzt haltbar und temperaturbeständig sind. Die Markierung mit Biomolekülen ist deshalb nur für allgemein übliche Transport- und Lagerbedingungen zu empfehlen.

Verdeckte Nutzung

Die Kennzeichnung mit Biomolekülen ist nicht sichtbar, muss daher nicht öffentlich kommuniziert werden und stört das Verpackungsdesign nicht.

Identif bietet als einziges Unternehmen höchste Fälschungssicherheit bei gleichzeitig schnellem und eindeutigen Nachweis durch ein Handlesegerät.

Tab. 2.4: Übersicht zu Anbietern von biotechnologischem Produktschutz

Hersteller	Bestandteil	Applikation	Vor-Ort Nachweis	Maschinenlesbarkeit	Codes
Authentix	Antigen/ Antikörper	Druckfarbe	spezifisch (Farbumschlag)	Nein	k.A.
Applied DNA Science	Natürliche DNA	Druckfarbe	unspezifisch (Farbumschlag)	Nein	k.A.
DNA Technologies	Natürliche Gen-Segmente	Druckfarbe	unspezifisch (Fluoreszenz)	Nein	k.A.
identif	Synthetische DNA-Fragmente	Druckfarbe (Inkjet, Flexo, Offset)	spezifisch (Signal am Lesegerät)	Ja	ca. 10^{12}

2.4.6 Sicherheitsmerkmale aus der Nanotechnologie

Stephanie Geier

Definition

Nanotechnologie wird als die Schlüsseltechnologie des 21. Jahrhunderts betrachtet. Unter diesem Begriff lassen sich Systeme, die aus Bestandteilen von weniger als 100 Nanometern bestehen, zusammenfassen. Ein Nanometer ist ein Milliardstel Meter und liegt in der Größenordnung von Atomabständen (z.B. in Kristallgittern). Die Verwendung von Werkstoffen in dieser Größenordnung, gibt herkömmlichen Materialen völlig neue Eigenschaften (Nanomaterials). Solche Nanomaterialen finden auch im Bereich Sicherheitsmarkierungen Verwendung.

Zwei Gruppen

Generell können die angebotenen Sicherheitslösungen anhand des strukturellen Aufbaus in zwei Gruppen unterteilt werden:

- Strukturen, die wenige Nanometer groß sind und mit dem bloßen Auge nicht sichtbar sind
- Mehrschichtige Anordnung von nanometrischen Schichten, die in einem Farbkippeffekt resultieren.

Nichtsichtbare nanotechnologische Markierungen

Nanokristalle

Markierungen aus der ersten Gruppe sind mit dem bloßen Auge nicht zu erkennen. Eine Vielzahl von Anbietern beschäftigen sich mit Quantum-Dot-Partikeln, auch Nanokristalle genannt. Quantum-Dot-Partikel sind nach einem Kern-Schalen-Prinzip aufgebaut und stammen ursprünglich aus der Halbleiterindustrie. Viele Lösungen haben noch keine Produktreife für die Anwendung im Produktschutz erlangt, befinden sich aber in ständiger Weiterentwicklung. Ein starkes Wachstum auf diesem Sektor ist zu erwarten.

Die Nanoteilchen können durch (IR, UV)-spektroskopische oder mikroskopische Untersuchungen nachgewiesen werden.

Folgende Auswahl soll einen repräsentativen, aber nicht umfassenden Überblick über die Anwendung von Nanopartikeln im Produktschutz gewähren:

Dokumentenabsicherung

Nanoventions aus den Vereinigten Staaten verbindet optische und nicht-optische Mikrostrukturen in der Größe von wenigen Nanometern. Die Kennzeichnung mit Mikrostruktur wird derzeit zum Schutz von Dokumenten eingesetzt. Bald sollen diese Mikrostrukturen auch als Pulver zu Druckfarben und Beschichtungen zugesetzt werden können.

Seltene Erde

Das amerikanische Unternehmen *Nanomarks* verwendet Nanopartikel von so genannten „Seltenen Erden". Dieser Begriff ist historisch bedingt und beschreibt Oxide der Lanthanoide. Die Oxide der Seltenen Erden sind bis 2000°C beständig, und können Metallschmelzen und Sprengstoffen zugesetzt werden. Durch Kombination von verschieden Oxiden können bis zu 106 Mixturen hergestellt werden. Der Nachweis erfolgt forensisch.

Variable Kristallgitter

Die deutsche Firma *Nanosolutions GmbH* produziert Partikel mit einem Durchmesser von 5-10 nm, die aus einem variablen Kristallgitter aufgebaut sind. Diese Nanopartikel sind farblos und nicht sichtbar, und können mittels Druckfarbe aufgebracht werden. Durch die Beimischung von Seltene-Erde-Elementen, können weitere Eigenschaften bestimmt werden: Fluoreszierende Nanopartikel werden für medizinische Diagnostik und Produktsicherheit eingesetzt. *MUT GmbH* entwickelt entsprechende Systeme zur Identifizierung. Weitere Anwendungen der Nanopartikel finden sich als Additive und Anti-Korrosionsmittel.

Sichtbare nanotechnologische Markierungen

Farbkippeffekt

Die Sicherheitsmerkmale der zweiten Gruppe sind im Gegensatz zu den vorher genannten Produkten anhand eines metallischen Farbkippeffekts deutlich mit dem bloßen Auge zu erkennen. Der Farbeindruck verändert sich mit dem Betrachtungswinkel und kann zwischen 2 Farben hin und her kippen oder sich über mehrere Farben hinweg verändern. Ein Beispiel aus dem Alltag sind moderne Autolacke.

Effektkontrolle

Dieser dekorative Effekt kann zum einem als Marketing-Tool zur Abhebung von den Produkten der Mitbewerber, aber auch ähnlich wie ein Hologramm als zusätzliche Kontrollstufe durch den Endverbraucher eingesetzt werden.

Nanometrische Schichten

Denn der Farbkippeffekt ist nichts anderes als ein hochkomplexer spektraler Code, der durch die mehrschichtige Anordnung von nanometrischen, z.T. transparenten Schichten, entsteht. Bei der Lichtbrechung an diesen Dünnschichten kommt das Prinzip der Interferenz zum Tragen. Ein Phänomen, das auch in der Natur beobachtet werden kann: Eine Seifenblase absorbiert kein Licht, trotzdem sieht der Betrachter einen Regenbogen an Farben. Das liegt darin begründet, dass Licht die physikalische Eigenschaft einer Welle hat und Wellen miteinander interferieren, d.h. sich auslöschen oder überlagern können.

Steuerung des Farbkippeffektes

Herstellungs-verfahren

Durch die gezielte Gestaltung der Dünnschichten und der Anordnung in mehrschichtigen Strukturen kann die Reflektion in bestimmten Bereichen des Spektrums verstärkt, in anderen Bereichen unterdrückt und so der Farbkippeffekt gestaltet werden. Diese Nano-Dünnschichten werden in einem komplexen Vakuum-Beschichtungsverfahren oder durch „Walzen" von makroskopischen Mehrschichtfolien hergestellt. Die dabei entstehenden Farbspektren sind von mehreren Herstellungsparametern abhängig wie Materialien, Dicke, optische Brechungsindizes und Anzahl der Dünnschichten.

Farbanzahl

Theoretisch ist der Anzahl an verschiedenen Farben nach den Gesetzen der Physik so gut wie keine Grenze gesetzt. In der Praxis sind allerdings manche Farben schwieriger als andere zu erzeugen.

Die Idee, das Prinzip der Farbeffekte durch Dünnschichten, im Bereich Produkt- und Markenschutz einzusetzen, geht ursprünglich auf George Dobrowolski zurück.

Chemische Analyse

Da es nach heutigem Stand der Technik nicht möglich ist, durch spektrale oder chemische Analysen Rückschlüsse auf die Gesamtheit der kennzeichnenden Parameter der Dünnschichten zu ziehen, eignen sich die Nanoschichten hervorragend zur fälschungssicheren Kennzeichnung.

Verdruckbare Nano-Flakes

FlexProducts ist der bedeutendste Anbieter, deren Produkte verdruckbar sind. Die so genannten Nano-Flakes werden in einem Vakuumprozess auf ein Trägermaterial beschichtet. Die beschichte Trägerfolie wird über eine scharfe Kante gezogen, wobei sich die Beschichtung ablöst, in Nano-Flakes zerfällt und gegebenenfalls gemahlen wird. Die Flakes können wie Pigmente zu Druckfarben beigemischt werden.

Folie

Der bekannte Folienhersteller *3M* kombiniert bis zu 300 Folien übereinander und coextrudiert diese zu nanometrischen Einzelschichten. Diese Dünnfilme können als Etikettenbasis und in anderen Folienanwendungen eingesetzt werden.

Das amerikanische Unternehmen *Applied Optical Technologies* gibt Details seiner Herstellungsverfahren nicht nach außen bekannt. Es handelt sich um einen Farbkippeffekt auf Folienbasis, der von verschiedenen Etikettherstellern angeboten wird.

Nano-Cluster

Identif Technologies aus Deutschland bieten als einziger Anbieter weltweit einen Farbwechseleffekt, der durch kontrolliert hergestellte Dünnschichten unter Verwendung von patentierten Nano-Clustern erzeugt wird. Die Clusterschichten werden auf gängige Heißsiegel- und Heißprägefolien oder auf metallische Gegenstände aufgebracht und so in Etiketten, Verpackungen oder am Produkt selbst als Sicherheitsstreifen oder -feld integriert.

Abb. 2.11: Der durch Nano-Cluster erzeugte Farbkippeffekt ist besonders brillant. Die Abbildung zeigt die folienbasierte Anwendung als Verschlusssiegel.

Farbbrillanz

Der Einsatz dieser Nano-Cluster erzeugt eine Vertiefung der Interferenzfarbe, die nicht mittels linearer Optik simuliert werden kann. Für das Auge ist ein brillanter, charakteristischer Farbeffekt sichtbar, der für den Endkunden am Point-of-Sales leicht erkennbar ist.

Auslesung von Nano-Cluster

Die Kombination aus Farbbrillanz und Homogenität der hergestellten Nano-Cluster ermöglicht es außerdem, den Farbcode mit einem Handlesegerät präzise auszulesen. Der mobil durchführbare Nachweis liefert somit sekundenschnell und an jeder beliebigen Stelle des Wertschöpfungsprozesses, eine eindeutige Aussage über die Echtheit der Markierung bzw. des Produktes. Die Lieferkette kann dadurch schnell und verlässlich kontrolliert werden.

Durch Variation der Herstellungsparameter der Cluster-Schicht ergibt sich eine Vielzahl an Spektralcodes, die individuell und exklusiv an Unternehmen bzw. Produktreihen vergeben werden können. Die Cluster-Schichten der Firma *identif* werden durch den Beschichtungsprozess selbst generiert, sind kein visueller Effekt und können nicht mittels Computerprogrammen oder anderer Herstellungsprozesse simuliert werden.

Resumee

Hochsicherheit

Fälschungssichere Markierungssysteme aus dem Bereich der Nanotechnologie sind im Bereich der Hochsicherheit anzusiedeln, da aufwändige Technik und wissenschaftliches Know-How zur Herstellung der Nanomaterialien nötig ist. Durch diesen Innovationsvorsprung bieten Nanomaterials einen wesentlich höheren und langfristigeren Fälschungsschutz als beispielsweise Hologramme. Die Kosten für nanotechnische Produktkennzeichnung bewegen sich hierbei im selben Preisbereich wie Hologramme.

Tab. 2.5: Übersicht zu Anbietern von nichtsichtbarem, nanotechnologischem Produktschutz

Hersteller		Bestandteil	Applikation	Forensischer Nachweis	Codes
Nanomark	COVERT	Nano-Partikel aus Seltenen Erden	Additiv zu Metallschmelze und Sprengstoff	IR-Fluoreszenz	106
Nanoventions		Mikro-Strukturen	Tinte/Coating	Elektronen-Mikroskop	k.A.
Nanosolutions		Nano-Kristallgitter	Druckfarbe (Inkjet)	Elektronen-Mikroskop; UV-Fluoreszenz	k.A.

Tab. 2.6: Übersicht zu Anbietern von sichtbarem, nanotechnologischem Produktschutz

Hersteller		Bestandteil	Applikation	Vor-Ort Nachweis	Forensischer Nachweis	Codes
Flexoproduct	COVERT	Nanoflakes	Druckfarbe	visuell	Spektroskopie	4
3M		Nanometrische Dünnfilme	Folie	visuell	Spektroskopie	2
Applied Optical Technologies		Vakuumschichten	Folie	visuell	Spektroskopie	k.A.
identif		Nano-Cluster	Folie; direkt	visuell; Handlesegerät	Spektroskopie	<1000

Beständigkeit

Nanomaterialen bestehen oft aus anorganischen Substanzen und lassen sich leicht in Druckfarbe gelöst aufbringen. Sie sind äußerst beständig gegenüber thermischen, physikalischen und chemischen Einflüssen, und eignen sich auch für dauerhafte Anwendungen.

Integration in Verpackung

Die Integration in bereits bestehende Verpackungssysteme ist einfach, da Nanopartikel zu Druckfarben zugegeben werden können ohne die Druckeigenschaften zu beeinflussen. Die folienbasialen Kippeffekte können als Heißsiegelfolien und Sicherheitsfaden eingesetzt werden.

2.4.7 Magnetisch basierte Lösungen

Samuel Schindler

MicroWire®[1]

Glasfaser

Bei MicroWire® handelt es sich um eine Kodierung mit elektromagnetischen Glasfasern. Hauchfeine Glasfaserstränge (10 bis 50 micron) mit einem Metallkern, werden hierzu elektromagnetisch kodiert (ähnlich dem EM-Diebstahlschutz-Prinzip) und mittels einem mobilen Prüfgerät detektiert. Die „Ja"- oder „Nein"-Information kann laut Hersteller durch nahezu alle Materialien (u.a. durch Metall, kaschierte metallisierte Folien, Verbundfolien, etc.) bis zu 20mm gelesen werden.

1. MicroWire® ist eine patentierte Technologie von ACS Advanced Coding Systems Ltd.

Informationsdarstellung

Werden mehrere der kodierten MicroWire unter einem Etikett (DMID-Label®) zusammengefügt, ermöglicht dies die Darstellung eines Binär-Codes. Mit einer Datenbank verknüpft, lassen sich weitere Informationen hinterlegen. Mit einem mobilen oder stationärem Lesegerät und entsprechender Software, können die Daten ausgelesen werden.

CIID/MagDot®[1]

Eigenschaft des magnetischen Punktes

Bei MagDot® handelt es sich um eine relativ neue Systemlösung. Zunächst wird ein kleiner Punkt von etwa 10mm² bis 20mm² mit einer speziellen Farbe mit einem definierten Anteil magnetischer Eigenschaften (optisch dunkle Farbgebung) auf ein beliebiges Material gedruckt oder appliziert. Da keine optische, sondern eine magnetische Eigenschaft verifiziert wird, kann die Farbe - respektive der Punkt - überdruckt, überlackiert oder überlaminiert werden. Der Prüfvorgang wird mittels eines Lesegerätes vorgenommen, das die magnetischen Eigenschaften der Farbe misst. Das Ergebnis wird in einem Frequenzbild dargestellt.

Fingerabdruck

Da bei jedem gedruckten Punkt die Anordnung der magnetischen Partikel zueinander zwangsläufig „zufällig" ist, ist jeder Punkt - magnetisch gesehen - einzigartig, optisch jedoch gleich. Ein MagDot® ist damit so individuell wie ein Fingerabdruck und kann nicht reproduziert werden.

Datenbank

Der ausgelesene MagDot® mit seinem Frequenzmuster, wird zusammen mit einer Zuordnungsnummer (bspw. einem Produktionscode) in einer Datenbank

1. MagDot® ist eine patentierte Technologie von VSC Verification Security Corporation.

hinterlegt. Diese Verknüpfung stellt eine weitere Hürde für einen Fälscher dar.

Systemprüfung

Die Prüfung erfolgt durch mobile oder stationäre Lesegeräte und kann ggf. unabhängig von einer zentralen Datenbank erfolgen. Dies geschieht durch die Verschlüsselung des Frequenzmusters mit einem Algorythmus (bspw. in einem 2D-Barcode), welcher ebenfalls auf der Verpackung aufgebracht wird. Somit ist ein MagDot® ein in sich fälschungssicherer Schutz und Track+Trace-System in einem.

2.4.8 Siegelmarken

Oliver Thiele

Wer kennt es nicht, das Siegel oder die bunten Siegelmarken, die zumeist die Briefe unserer Behörden schmücken.

Siegel zur Beglaubigung

Dabei nimmt das Siegel (lat. sigillum: Bildchen) das Charakteristikum der Beglaubigung von Urkunden ein, oder dient als Sicherstellung der Unversehrtheit von Gegenständen (Briefumschläge, Türen) mit dem Ziel, den Inhalt vor der unliebsamen Indiskretion zu schützen.

Die technische Version eines Siegels ist die „Plombe", die ebenfalls einen urkundlichen Charakter besitzt und als Verschluss zum Kenntlichmachen einer (unbefugten) Öffnung dient.

Ob Siegel oder Plombe, beides verlangt seit der Industrialisierung und der ansteigenden Häufigkeit von zu kennzeichnenden Gegenständen nach neuen Techniken, die ein personalisiertes Siegeln zumeist unabdingbar machen.

Metallsiegel

Selbstklebende Siegel

Wurde in früheren Jahren die „rechtliche Einzigartigkeit" der Siegel, zumeist durch Metallsiegel (feine bildliche Gravurdarstellung von Wappenfiguren- oder Schildern), gestoßen in farbigen Wachs erzielt, oder wurde die klassische Siegel-Oblate (Substitut für Wachs) und der typische Siegellack im behördlichen und notariellen Rahmen eingesetzt, so werden diese zunehmend durch selbstklebende Sicherungslösungen substituiert. Dabei werden die Begriffe Siegelmarke, Sicherheitssiegel oder Sicherungs- und Sicherheitsetikett artverwandt benutzt.

Qualitätsnachweis

Aus den behördlichen/kommunalen Siegellösungen versteht es die Industrie, ihre Produkte und Dienstleistungen gleichermaßen mit selbstklebenden Sicherungslösungen zu markieren, um einen Qualitätsnachweis zu schaffen.

Abb. 2.12: Verpackungssiegel

Diese Qualitätsnachweise können durch Verpackungssiegel erzielt werden. Dabei kommen Verpackungssiegel als Verschlusssiegel für Umverpackungen zum Einsatz, die eine Erstöffnung erkennbar anzeigen müssen (siehe Abb. 2.12).

Öffnungsindikator

Der Endverbraucher muss beim Kauf erkennen können, dass die Verpackung und damit der zu erwerbende Artikel seit der Auslieferung vom Hersteller nicht mehr geöffnet wurde und somit die Sendung in der richtigen Art, Güte, Menge beschaffen ist.

Verpackungssiegel enthalten oftmals echtheitserkennbare und übertragungssichere Sicherheitsmerkmale, und sind aus einer selbst- oder nicht selbsttragenden Trägersubstanz ausgebildet.

Abb. 2.13: Das Verpackungssiegel wird vom Untergrund gelöst

Sicherheitsstanzung

Selbsttragende Trägersubstanzen werden häufig mit Sicherheitsstanzungen ausgerüstet, bei denen eine Materialerschwächung durch Sollbruchstellen entsteht. Das Verpackungssiegel reißt bei der Öffnung. Anders kann eine versteckte Nachricht auf dem Untergrund sichtbar werden, sobald das Verpackungssiegel vom Untergrund gelöst wird. Eine Kombination von beidem gehört zur gängigen Praxis (siehe Abb. 2.13).

Nicht selbsttragende Siegel

Auf schwierigen, apolaren Untergründen etablieren sich zunehmend nicht selbsttragende Verpackungssiegel, die zumeist aus einem nie ganz aushärtenden Kunststoff ausgebildet sind. Deshalb erweisen sich diese Siegelmarken als sehr flexibel und sind für die Direktsiegelung auf Bauteilen prädestiniert. Der dünne Schichtenaufbau ermöglicht dann die Konzeption von mehrlagigen, nicht auftragenden Sicherheitsschichten, die sich dem Untergrund oder dem 3D-förmigen Konstrukt anschmiegen und dadurch eine Verbindung eingehen (siehe Abb. 2.14).

Abb. 2.14: Verbindung zwischen Schichten und 3D-förmigem Konstrukt

In der Verarbeitung und der z.B. automatischen Etikettierung, besitzen selbsttragende Siegelmarken gegenüber letztgenannter Alternative immer noch Verarbeitungsvorteile.

Automatische Etikettierung

Wenn eine automatische Etikettierung auf Verpackungsgüter abgestellt wird, dann geschieht dieses zumeist durch das Abschälen der Siegel von der Klebstoffabdeckung in Spendeanlagen. Grundvoraussetzung ist eine Auflagengröße, die entsprechend den Setupkosten gerecht wird.

Manuelles Aufspenden

Beim manuellen Direktapplizieren erweist sich zweitgenannte Siegelmarken-Lösung als praktikabel. Dabei wird das Klebstoffabdeckpapier manuell von der Siegelmarke entfernt und durch einen Träger, der erst den Transport der Siegelmarke ermöglicht, mitsamt der Marke auf dem zu siegelnden Untergrund transferiert. Nach einem flächigen und kräftigen Aufstreifen wird der Transportträger entfernt. Die Siegelmarke verbleibt auf dem Untergrund und schmiegt sich diesem an.

Dokumentationsrolle

Neben echtheitserkennbaren Sicherheitsmerkmalen, die je nach Erfordernis und Applikation in ihrer Ausgestaltung verschiedenartig aufgebaut sind, nehmen Verpackungssiegel eine Dokumentationsrolle ein, die häufig auch von der Gesetzgeberseite in Kombination einer „Produkt-Rückverfolgbarkeit" verlang wird.

Code

Fortlaufende Codierungen oder Chiffrierungen stellen auf die Einzigartigkeit ab und ermöglichen erst ein Verifizieren der Produkte. Die entsprechende Peripherie macht ein maschinelles Auslesen dieser Datensätze und einen Tracking-Abgleich erst möglich. Codierungen oder Chiffrierungen auf Verpackungssiegeln sind für Unternehmen unabdingbar. Sie schützen präventiv vor unberechtigten Gewährleistungsansprüchen Dritter.

Der Parallelhandel kann hierdurch aufgedeckt werden. Konsumenten sind in der Lage, das Produkt während des Supply Chain zurückzuverfolgen und den Hersteller zu identifizieren.

Marketingaspekte

Auch instrumentalisiert das Marketing Verpackungssiegel für Gewinnspiel-Aktionen. Durch einen Zufallscode, der zumeist durch ein Rubbelfeld abgedeckt ist, werden Konsumenten bewegt, an Verlosungen teilzunehmen.

2.4.9 Sonstige Sicherheitstechnologien

Samuel Schindler

ISOTAG®

Molekularmarker

ISOTAG® ist eine Sicherheitstechnologie, welche vom Militär der USA genutzt wird/wurde. Es handelt sich hierbei um eine unsichtbare molekulare Markierung, welche in einer bestimmten Konzentration in einem Stoff gelöst ist. Mittels der Markierung lässt sich neben der eindeutigen Aussage über Original oder Fälschung auch der Grad einer etwaigen Verunreinigung ermitteln. Die Entwickler von ISOTAG® gaben bereits Ende der Neunziger Jahre an, dass ein Becher ISOTAG®, gelöst in einem Tanker mit Öl, ausreicht, um eine eindeutige Aussage über Herkunft des Öls und darüber hinaus den Grad der Verunreinigung (z.B. 'Strecken' durch Mischen) des Öls nachweisen zu können.

Bei der Herstellung von ISOTAG® werden seltene Atome zur Herstellung noch seltener Moleküle verwendet, welche dann eingebracht werden. Dies kann beispielsweise eine Farbe aber auch das Produktmaterial selbst sein. Die Identifizierung von Isotopen (z.B. in Wasserstoff oder Kohlenstoff) stellen dabei den ersten Schritt dar. Hiernach wird ein Molekül bestimmt welches für die Anwendung geeignet ist. Es wird ein Molekül-Zwilling generiert. Dieser ist in seiner Masse geringfügig grösser, chemisch aber identisch. Die 'natürlichen' werden durch die etwas schwereren, künstlichen Isotope ersetzt.

Isotope

Sowohl die Herstellung als auch die Analyse ist sehr komplex und kann selbst von versierten Produkt-Fälschern nicht vorgenommen werden. Diese einzigartige, stabile, nicht-toxische, nicht-radioaktive und künstliche Technologie, hat bereits vor Jahren die Zulassung der amerikanischen FDA erhalten. Sie ist damit für Lebensmittel oder Getränke nutzbar. (*Quelle: ISOTAG® Technology, Inc., Informationsmaterial von 1999*)

Analyse

SecuTag®

SecuTag® ist eine auf einem Sandwich-Verfahren basierte Farbkodierung, welche mittels 4- bis 10-farblich unterschiedlicher Schichten, eine einzigartige Kodierung ermöglicht. Die Farbzusammenstellung der 5µm bis 45µm großen Partikel ermöglichen eine nahezu unbegrenzte Anzahl von individuellen Möglichkeiten. Die Melamin-Alkyd-Polymer-Partikel können in nahezu alle Stoffe (Feststoffe, Flüssigkeiten, Pasten, Pulver, Farben) eingebracht werden und sind gegenüber den meisten Chemikalien und organischen Lösungsmitteln resistent. Hitzebeständig bis 200 Grad Celcius (kurzfristig bis 350 Grad) überstehen sie viele gängige Verarbeitungsprozesse und sind damit für Anwendungen im Produkt- und Markenschutz geeignet.

Farbkodierung

Einbringung

Kennzeichnungen mittels SecuTag® können drucktechnisch – in Abhängigkeit der Teilchengrösse – im Offset-, Tief-, Buch-, Flexo-, Sieb- und Tampondruck aufgebracht werden.

Verifizierung

Die Verifizierung findet unter Zuhilfenahme eines Mikroskopes statt oder mittels des ebenfalls erhältlichen MicroReader®, eines handlichen Video-Mikroskopes, in Verbindung mit einem PC oder Notebook. Die Vergrößerung variiert bei dem Reader zwischen 75- und 650-facher Vergrösserung.
(*Quelle: SECUTAG® Informationsmaterial, Simons Druck+Vertrieb GmbH*)

Fazit

Wirtschaftlicher Einsatz

Der Einsatz und die Entscheidung für die jeweilige Ausgestaltung von Verpackungssiegeln, macht einen Komplettüberblick der Applikation erforderlich. Grundvoraussetzung ist der effektive Schutz des Verpackungsgutes, wobei echtheitserkennbare Merkmale zum Einsatz kommen. Dabei spielt die jeweilige Technik der diversen Informationsschichten, die in Abhängigkeit der Auflagengröße, des Siegeluntergrundes und der Verarbeitung zu sehen ist, eine entscheidende Rolle, damit das wirtschaftlichste Produkt zum Einsatz kommt.

Wirtschaftlich bedeutet in diesem Kontext die Berücksichtigung von der Verpackungs- und Produktwertsteigerung sowie der Einmal-, Siegel- und Verarbeitungskosten, die in einem angemessenen Rahmen den Bedürfnissen sowie dem Schutz des Produktes, und dadurch des Unternehmens und der Konsumenten dienen.

2.5 Technologieabschätzung

Haroun Malik

Kombination

Die beschriebenen Sicherheitstechnologien sind in ihrer Vielfalt und Unterschiedlichkeit grundsätzlich beliebig einsetzbar. Es bleibt somit die Frage zu klären, welche Technologie für die Verpackungsabsicherung eingesetzt werden soll. Eine Bewertung wird bewusst vermieden, da es von mehreren Kriterien abhängt, ob die Verwendung von Markierungsstoffen beispielsweise in Kombination mit einem Hologramm die optimale Lösung darstellt. Gleichwohl kann das Sicherheitslevel einen Indikator für die Technologiekombination darstellen.

Sicherheitslevel

Grenzen

Im Prinzip sind die Sicherheitstechnologien per se geeignet, den beabsichtigten Zweck zu erfüllen. In der Praxis heben sich die Wirkungen auf, wenn zwei Markierungsstoffe parallel eingesetzt werden. Hier zeigen sich die Grenzen des Technologieeinsatzes auf. Der zu messende Effekt kann unter ungünstigen Umständen kein eindeutiges Ergebnis liefern. Damit wird ein vorläufiges Fazit möglich: Die Sicherheitstechnologien können von ihrer Wirkung aus betrachtet nicht uneingeschränkt gleichzeitig eingesetzt werden.

Prüfungsbedingungen

Eine weitere Option steht zur Verfügung. Die Sicherheitstechnologien können aufgrund ihrer Prüfeigenschaften abstrahiert werden. Diese Betrachtung erlaubt eine Unterscheidung zum Ort der Integration des jeweiligen Merkmales oder Produktes. Dabei zeigt sich, dass es bedeutend leichter erscheint, ein Sicherheitsetikett oder einen Markierungsstoff auf die Verpackung anzubringen, als in das Verpackungsmaterial selbst. Zum einen lässt sich eine optische und eine forensische Prüfung gleichermaßen darstellen. Andererseits bewegen sich die Kosten für die Absicherung in einem erträglichen Rahmen.

Die Rahmenbedingungen determinieren die jeweils zur Verfügung stehende Technologie. Kosten für die Technologie und der Integrationsaufwand sind die beeinflussenden Faktoren, solange die gewünschten Sicherheitslevel eingehalten werden.

Kapitel 3

Integration der Sicherheitstechnologien

3.1 Druckvorstufe und Software

Samuel Schindler

Kombinationen

Die wesentlichen Bestandteile aktueller drucktechnischer Verpackungsgestaltung basieren auf der Kombination von Texten/Schriften, Bildern und Fotos, graphische Darstellungen (wie z.B. Logos) sowie Rasterflächen, Verläufe und Vollflächen. Diese werden in CMYK und Sonderfarben umgesetzt.

Vorstufe

In den vergangenen Jahren hat die Vorstufentechnik in jeder Hinsicht gewaltige Fortschritte gemacht, welche häufig ihre Möglichkeiten durch die Druck- und Weiterverarbeitungstechnik begrenzt sieht.

Unbestritten stellt die Nutzung der noch offenen Ressourcen – wie beispielsweise hochwertiges Design und Bildbearbeitung (jeweils in Verbindung der unterschiedlichen Machbarkeiten in Drucktechnik, Farben und die Nutzung diverser Substrate) – eine Hürde für Fälscher dar.

Gerade in Kombinationen der derzeitigen Vorstufentechnik mit den Möglichkeiten der Sicherheitsbranche liegen vielseitige neue, noch nicht ausgeschöpfte, Ansätze.

Softwareeinsatz

Die Vorstufe von Sicherheitsdrucken basiert auf spezieller Software, welche die Möglichkeiten der zum Einsatz kommenden Sicherheitsdrucktechnologien (wie Stahlstichdruck) nutzen und ausschöpfen.

Sicherheitsdruck

Wohl jedem ist das typische Erscheinungsbild von Sicherheitsdrucken (wie Banknoten und ID-Dokumente) vertraut. Das künstlerische Design dieser verbindet gedanklich nahezu jeder unbewusst mit „Sicherheit" und „Wertigkeit".

Sicherheit versus Verpackungsdesign

Unterscheidungsmerkmale zwischen Sicherheitsdrucken und aktuellem Verpackungsdesign sind:

Sicherheitsdesign	**Verpackungsdesign**	
komplexe Liniengebilde	versus	Rasterflächen + Vollflächen
graphische Darstellungen	versus	Bilder + Fotos
ineinander verlaufende farbliche und flächige Strukturen	versus	kontrastreiche Darstellungen

Guillochen

Guillochen (benannt nach dem französischen Erfinder Guillot) bestehen aus mindestens zwei sehr feinen ineinander verschlungenen und sich überlagerten Linien (Microlines). Diese beschreiben mit Wellen-, Kreis- und Ellipsenbahnen geometrische und symmetrische Linienmuster.

Guillochenherstellung

Um Guillochen zu entwickeln, bedarf es spezieller Software, mit welcher die kunstvollen Ornamente wie Wellen, Spiralen und Rosetten generiert werden können. Neben diesen Mustern werden aber auch Bilder und andere graphische Darstellungen in Linienstrukturen oder aus Mikrotext dargestellt. Um dem potentiellen Fälscher die Nachahmung zu erschweren, werden zudem die Linien in unterschiedlicher Stärke und farblich ineinander verlaufend gedruckt.

In Verbindung mit Stahlstichdruck (siehe Kapitel Drucktechnologien) sind mit Negativ-Guillochen „Latent Image"- und „Latent Text"-Darstellungen möglich, welche in keinem anderen Druckverfahren erzielt werden können.

Stahlstichdruck

Mikrotext

Mikrotexte bestehen aus positiv und negativ dargestellten Schriften, welche mit bloßem Auge kaum zu sehen sind. Bei einer Größe von 0,3 mm benötigt man eine Lupe zur Verifizierung. Um Nachahmungen zu erschweren, werden keine handelsüblichen, sondern modifizierte oder geschützte Schriften eingesetzt.

Mikrotext

3.1.1 Digitale Wasserzeichen

Jana Dittmann

Mit digitalen Wasserzeichen können die Authentizität (der Urheber, die Herkunft des Datenmaterials oder des Produktes) oder Integrität (Unverfälschtheit) nachgewiesen werden, indem Informationen direkt in das Datenmaterial eingefügt werden.

Authentizität

Definition und Terminologie

Unter einem digitalen Wasserzeichen versteht man ein transparentes, nicht wahrnehmbares Muster, welches in das Datenmaterial (Bild, Video, Audio, 3D-Modelle) mit einem Einbettungsalgorithmus unter Verwendung eines geheimen Schlüssels eingebracht wird.

Geheimer Schlüssel

Jeder Wasserzeichenalgorithmus besteht in Analogie zur Steganographie aus:

- Einem Einbettungsprozess E: Watermark Embedding
- Einem Abfrageprozess/Ausleseprozess R: Watermark Retrieval

Einbettung

Der *Einbettungsprozess E* fügt die Wasserzeicheninformation W (Watermark Message) in das Datenmaterial C (Cover/Carrier oder auch Original) ein, zum Beispiel in ein Bild, und es entsteht das Datenmaterial mit einem Wasserzeichen C_W (Watermarked Cover/Carrier). Man spricht auch davon, dass eine Markierung aufgebracht wird. Da steganographische Verfahren und somit auch Wasserzeichenverfahren symmetrisch sind, muss ein Sicherheitsparameter K benutzt werden, damit das Wasserzeichen nicht von Angreifern manipuliert oder gelöscht werden kann. Das Verfahren selbst langfristig geheim zu halten, erweist sich als schwierig. Deshalb wird ein geheimer Schlüssel K benutzt, von dem das Wasserzeichen abhängt.

$$C_W=E(C, W, K) \tag{1}$$

Wasserzeichenstärke

In der Praxis benötigen die Verfahren meist weitere zusätzliche Parameter wie Wasserzeichenstärke oder Initialisierungswerte. Da bisherige Verfahren auf steganographischen Verfahren aufbauen, die symmetrisch arbeiten, kann nur unter Nutzung des gleichen Verfahrens und des passenden Schlüssels der *Abfrageprozess R* die Informationen aus dem Datenmaterial wieder auslesen, wobei neuere Verfahren in der Entwicklung sind, die versuchen mit einem abgeleiteten Schlüssel zu arbeiten, um die Sicherheit zu erhöhen:

$$W=R(C_W, K) \tag{2}$$

Abfrageprozess

Der Abfrageprozess bekommt das Watermarked Cover sowie den geheimen Schlüssel übergeben und gibt die Wasserzeicheninformation aus. Da Wasserzeichen aus dem Datenmaterial nicht entfernbar sein sollen, kann mit dem Abfrageprozess R auch bei Kenntnis des Schlüssels das Original nicht wieder hergestellt werden. Die Wasserzeicheninformation kann lediglich ausgelesen, auf das Original kann jedoch nicht geschlossen werden. Abhängig vom konkreten Wasserzeichenverfahren werden meist statistische Analysen wie Korrelations- oder Hypothesentests im Abfrageprozess *R* durchgeführt, die feststellen, ob die Information, die durch *E* eingebracht wurde, im Datenmaterial C vorhanden ist. *R* nutzt dabei die Regeln von *E*, wo und wie das Wasserzeichen eingebracht wurde. Manche Verfahren benötigen neben dem Prüfmaterial das Original, so dass ein dritter Parameter *C* hinzukommen kann.

Rückverfolgung

Das eingebrachte Muster repräsentiert die eingebrachte Information. Typischerweise kann das Muster folgende Informationen darstellen:

Urheberschaft

- Präsenzwasserzeichen: Identifizierung des Urhebers oder Produzenten über ein Schlüssel abhängiges Muster, d.h. der Nachweis der Urheberschaft wird über das Vorhandensein und die Existenz des Wasserzeichenmusters angezeigt und somit der Urheber identifiziert (an dieser Stelle können zum Beispiel bei Bildwasserzeichen auch urheberspezifische Bilder eingebracht werden)

Codierung

- Codierung von Informationen, meist binär codiert, im Allgemeinen von:
  - Urheber- oder Produktdaten, zur Kennzeichnung der Urheberrechte oder Produktauthentizität,

- Kundendaten, zur Kennzeichnung legaler und zur Verfolgung illegaler Kopien, oder
- Jeder Art von beschreibenden Daten (Metadaten), wie Produktinformationen.

Verschlüsselung

Da es sich, wie bereits erwähnt, um öffentlich bekannte Wasserzeichenverfahren handelt, wird bei textuellen Wasserzeichen der einzubringende Bitstrom vor dem Einbetten in das Cover, meist mit dem geheimen Schlüssel verschlüsselt, um etwaige Angriffe auf das Wasserzeichen zu erschweren.

Verfahrensgrundlagen

Steganographie

Prinzipiell basieren Wasserzeichenverfahren grundlegend auf steganographischen Vorgehensweisen, werden aber angepasst, um Robustheit und Sicherheit zu erreichen. Man kann im Allgemeinen auf zwei generelle Techniken zurückgreifen, um die Wasserzeicheninformation einzubringen:

Bildraumverfahren

- man modifiziert direkt im Datenmaterial, beispielsweise im Bildbereich (spatial domain) auf den Farb- und Helligkeitskomponenten, wodurch man auch von Bildraumverfahren spricht, oder

Transformation

- man führt Transformationscodierungen durch, wie beispielsweise eine DCT (Discrete Cosine Transform, Diskrete Cosinus Transformation), FFT (Fast Fourier Transform) oder DWT (Discret Wavelet Transform), und bringt die Information in die transformierten Komponenten des Datenmaterials ein, wobei danach wieder zurücktransformiert wird. Diese Verfahren werden als Frequenzraumverfahren bezeichnet.

Die Wasserzeicheninformation wird wie bereits erwähnt meist in ein Zufalls-Rauschsignal (pseudonoise signal) transformiert, welches signal-adaptiv oder nicht-signal-adaptiv ist, je nachdem, wie der Wahrnehmungsaspekt berücksichtigt wird. Das Zufalls-Rauschsignal ist meist entweder binär, Gauss oder uniform verteilt. Im allgemeinen wird vor der Einbettung des Wasserzeichens analysiert welche Eigenschaften das Datenmaterial aufweist, um die Informationen transparent einbringen zu können. Hier werden psychovisuelle und psychoakustische Modelle herangezogen.

Datenmaterial und Komponente

Im Falle substitutionaler Steganographie wird analysiert, welche Komponenten im Datenmaterial vorhanden sind. Anschließend werden in geeignet ausgewählten Positionen die Ursprungsdaten mit der transformierten Wasserzeicheninformation ersetzt. Sollen statt eines spezifischen Rauschmusters, das den Urheber eindeutig identifiziert, mehrere Informationsbits eingebracht werden, wird die Wasserzeichennachricht meist zuerst mit dem Schlüssel verschlüsselt, um analytische und statistische Angriffe auszuschließen.

Verschlüsselung

Unter Beachtung der psychovisuellen und der psychoakustischen Perspektive, d.h. der Maskierung und Verdeckungseffekte, werden die selektierten Rauschkomponenten durch die verschlüsselte Wasserzeicheninformation direkt ersetzt oder manipuliert. Die Markierungspositionen werden meist pseudozufällig über den benutzten Schlüssel bestimmt. Da Rauschkomponenten bei der Kompression abgeschnitten werden können, muss man, um Robustheit gegenüber Kompression zu erlangen, das Wasserzeichen in solchen Rauschkomponenten einfügen, die gerade nicht mehr von der Kompression eliminiert

Robustheit erzeugen

werden, aber gleichzeitig auch nicht wahrgenommen werden können. Es erfolgt eine Abwägung, wieweit man in nicht-hörbaren oder nicht-sichtbaren Bereichen markiert. Eine Annäherung an den wahrnehmbaren Bereich unter Beachtung von Sichtbarkeits- bzw. Hörbarkeitseigenschaften erfolgt hierbei zur Optimierung der Robustheit gegenüber Kompression. Messverfahren zur Beurteilung der visuellen oder psychoakustischen Qualität sind nicht Schwerpunkt unserer Diskussion.

Auslesung des Wasserzeichens

Konstruktive Steganographie dagegen modifiziert das Original. Es treten im Allgemeinen weniger Probleme bei Kompression auf. An bestimmten Teilbereichen des Datenmaterials, den Markierungspunkten, werden Modifikationen vorgenommen, die die Semantik des Originals nicht zerstören dürfen. Eingebracht wird die mit dem Schlüssel verschlüsselte Wasserzeicheninformation. Um das Wasserzeichen auszulesen, muss die erzeugte Veränderung gemessen werden. Dazu wird die Schlüsselinformation benutzt und es müssen die gleichen Markierungspunkte wieder gefunden werden.

Subtraktion des Originals

Heutige Wasserzeichenverfahren bieten im Allgemeinen zwei Alternativen: wird das Original im Abfrageprozess verwendet, erfolgt zuerst eine Subtraktion des Originals vom zu überprüfenden Datenmaterial, und anschließend wird der Abfrageprozess gestartet. Wird das Original nicht verwendet, erfolgt sofort der Abfrageprozess. Wurde ein spezifisches Rauschmuster eingebracht und stimmt das ausgelesene Muster mit dem eingebrachten überein, kann der Urheber nachgewiesen werden. Wurde stattdessen ein binärer Text eingebracht, wird, falls ein fehlerkorrigierender Code verwendet wurde, zuerst die Fehlerkorrektur vorgenommen. Anschließend erfolgt die Entschlüsselung mit dem geheimen Schlüssel und die

Wasserzeicheninformation wird ausgegeben. Identifikationsproblem des Urhebers und Copyright-Infrastukturen sind nicht Schwerpunkt unserer Diskussion, bilden aber neben der technischen Sicherheit der Wasserzeichenverfahren wesentliche Voraussetzung für die Anwendbarkeit.

Verfahrensparameter

Individuelle Eigenschaften

Jede Wasserzeichentechnik hat bestimmte Eigenschaften, welche von der Applikation abhängig sind. Als wichtigste Eigenschaften eines Wasserzeichenverfahrens betrachten wir:

Veränderungsmöglichkeiten

- **Robustheit**: Die eingebrachte Wasserzeicheninformation *W* (Watermark Message) ist robust, wenn die Information zuverlässig aus dem Datenmaterial ausgelesen werden kann, auch wenn das Datenmaterial modifiziert (aber nicht vollständig zerstört) wurde. Robustheit bezeichnet somit die Widerstandsfähigkeit der in ein Datenmaterial eingebrachten Wasserzeicheninformation gegenüber zufälligen Veränderungen des Datenmaterials oder Medienverarbeitungen.

Verdeckte Kommunikation

- **Nicht-Detektierbarkeit**: Diese Eigenschaft wird vor allem bei sicherer, verdeckter Kommunikation (secure cover communication), dem geheimen versteckten Kommunizieren zweier oder mehrerer Partner, verlangt.

Sinnliche Wahrnehmung

- **Nicht-Wahrnehmbarkeit**: Diese Eigenschaft bezieht sich auf die Eigenschaften des menschlichen Wahrnehmungssystems. Erzeugt das eingebrachte Muster akustisch oder optisch wahrnehmbare Veränderungen? Die eingebrachte Information *W* ist nicht wahrnehmbar und somit transparent, wenn ein durchschnittliches Seh- bzw. Hörvermögen nicht zwischen markiertem Datenmaterial und Original unterscheiden kann.

Verborgener Schlüssel

- **Security**: Der Wasserzeichenalgorithmus wird als sicher (secure) eingestuft, wenn die eingebrachte Information nicht zerstört, aufgespürt oder gefälscht werden kann, wobei der Angreifer volle Kenntnis des Wasserzeichenverfahrens hat, ihm mindestens ein markiertes Datenmaterial vorliegt, ihm jedoch der geheime Schlüssel unbekannt ist. Die Eigenschaft „Security" beschreibt im Gegensatz zur Robustheit, die Sicherheit gegen gezielte (nicht-blinde) Angriffe auf das Wasserzeichen selbst. Beispielsweise darf es nicht möglich werden, Fälschungen anzufertigen.
- **Komplexität**: Beschreibt den Aufwand, der erbracht werden muss, die Wasserzeicheninformation einzubringen und wieder auszulesen. Bedeutend ist dieser Parameter bei Echtzeitansprüchen. Der Parameter beschreibt außerdem, ob zum Auslesen der Markierung im Abfrageprozess das Originalbild verwendet werden muss oder nicht.

Parallelität

- **Kapazität**: Dieser Parameter misst, wieviele Informationen in das Original eingebracht werden können und wieviele Wasserzeichen parallel im Datenmaterial zugelassen bzw. möglich sind.
- **Geheime/öffentliche Verifikation**: Dieser Parameter sagt aus, ob nur der Urheber oder eine dedizierte Personengruppe das Wasserzeichen aufdecken können (geheim), oder ob die Verifikation öffentlich erfolgen kann bzw. soll. Da digitale Wasserzeichen auf steganographischen Verfahren beruhen und diese symmetrisch arbeiten, ist es

sehr schwer, ein sicheres öffentliches Wasserzeichen zu konstruieren. Aktuelle Arbeiten addressieren jedoch diese Fragestellung.

Parameter in Konkurrenz

Die aufgeführten Parameter an Wasserzeichenverfahren konkurrieren miteinander und können meist nicht zur selben Zeit optimiert werden. Zur Nutzung in der Produktkennzeichnung bietet es sich deshalb an, vor Auswahl und Einsatz eines Wasserzeichens die genauen Verfahrensanforderungen zu definieren, um dann gezielt nach einem Verfahren auf dem Markt zu suchen, das die gewünschten Parametereinstellungen bietet.

3.1.2 Hidden Information

Haroun Malik

Rasterverfahren

Besonders reizvoll unter den Sicherheitstechnologien sind gedruckte Informationen, die mit dem bloßen Auge nicht erfasst werden. Unter dem Oberbegriff der „Hidden Information" versteht man gedruckte Informationen, und auch Bildmaterial, die innerhalb eines vorhandenen Druckbereiches eingebracht werden. Es handelt sich in nahezu allen derzeit bekannten Verfahren um Rastermodulation. Diese kann unsichtbar für den Betrachter mit einer Dekodierlinse, die auf die Oberfläche gelegt wird, ausgelesen werden.

Auslesung

Druckvorlage

Interessant an der „Hidden Information" (HI) ist die Erstellung der Druckplatte, denn es ist ohne Probleme möglich, mit den herkömmlichen Verfahrenstechniken zu arbeiten. Sowohl im Offset als auch im Tiefdruckverfahren werden in der Praxis HI verdruckt. Die wichtigste Komponente bei der Erstellung einer individuellen HI stellt die Software dar. Mit einer speziellen Sicherheitssoftware werden zusätzliche Druck-

Software

informationen in das sichtbare Bild eingebaut. Bei näherer Betrachtung mit Hilfe eines Mikroskops, lassen sich zwar Unregelmäßigkeiten erkennen, die jedoch nicht zu einem sinnvollen Text oder einem Bild ergänzt werden können. Die Rastermodulation baut auf der Tatsache auf, dass eine Art Gegenraster über die HI gelegt wird und anschließend ein sinnvolles Druckbild entsteht. Dieses Gegenraster wird üblicherweise in einer durchsichtigen Kunststofflinse integriert.

Linse zur Prüfung

Die Kunststofflinse dient dazu, die versteckte Information auszulesen. Diese visuelle Prüfung kann jederzeit erfolgen und benötigt keinerlei Energiequellen, es sei denn man befindet sich an einem zu dunklen Ort. Die normale Raumbeleuchtung oder Sonnenlicht genügen für das Erfassen eines unsichtbaren Druckbildes.

Weiterentwicklungen

Ursprünglich brachte die US-Firma Graphic Security Systems Corporation ihr Produkt Scrambled Indicia® mit einer HI auf den Markt. Vor einigen Jahren beschäftigte sich die ungarische Firma Jura JSP™ mit der HI und stellte eine optimierte Version vor. Kernelement der Neuentwicklung war die Tatsache, dass zwei Raster übereinander gelegt werden konnten. Damit wurde es möglich, die HI stärker als je zuvor bekannt zu verstecken. Nunmehr ist es nicht möglich, einzelne Rasterpunkte mit einem hochauflösenden Scanner auszulesen und die Information nachzustellen. Allgemein werden solche Verfahren mit Kryptographie gleichgesetzt und führen zu einem hohen Fälschungsschutz.

Einsatzoptionen

Die Einsatzgebiete für HI sind mannigfaltig:

- Etiketten
- Faltschachteln
- Folien

- Blisterfolie aus Aluminium
- Hologramme – Integration bei der Origination

Verfahren

Eine der großen Vorteile von HI besteht in der relativ unkomplizierten Einbringung der unsichtbaren Information in die normale Druckplatte oder auf einen Tiefdruckzylinder. Der Hersteller der Sicherheitstechnologie benötigt lediglich das Originaldruckbild als Datei und setzt darauf die Software basierte HI ein. Der Endkunde erhält anschließend eine veredelte Datei mit deren Hilfe die Druckplatte erstellt wird. Beim späteren Druck kann die HI zwar nicht erfasst werden, jedoch ist dies auch nicht erwünscht. Im Druckprozess wird üblicherweise eine Linse zu Kontrollzwecken eingesetzt.

Druck von Logo/ Bild und Schrift

Ein weiterer Vorteil der HI ist die parallele Verwendung von Texten und Bildinformationen. So ist vorstellbar, den Text „ORIGINAL" und das Logo des Markeninhabers als HI zu gestalten. Es ist sogar möglich, nach Produktgruppen unterschiedliche Schriftzüge aufzunehmen und so zusätzlich eine Produktdifferenzierung vorzunehmen.

Statische Information

Nachteilig an der verdruckten HI ist die statische Information. Es ist nicht ohne weiteres möglich, die HI auszutauschen oder gar eine fortlaufende Nummer zu integrieren. Dies würde jeweils eine neue Druckplatte erfordern und gilt somit als unrealistisch.

Die Anbieter von Hidden Information sind partiell patentseitig miteinander verbunden, wobei die nachstehenden Unternehmen auf dem Markt aktiv auftreten.

Tab. 3.1: Übersicht zu den Anbietern

Hersteller	**Produkt**
Graphic Security Systems Corporation	Scrambled Indicia®
Jura JSP™	
StarBoard Technologies	
DOTRIX	SecuSeal
Security Print Software	Fusion Screen

Generell gilt, dass jede gedruckte Information ohne allzu hohen Aufwand abgesichert werden kann. Um Nachahmer abzuschrecken, kann die abzusichernde Stelle variiert und Produktverfolgungsanforderungen zusätzlich erfüllt werden. Jeder Verpackungshersteller ist theoretisch in der Lage, seine Druckvorlagen mit HI von einem der Anbieter veredelt zu bekommen.

Profil: Software, unsichtbar, Sicherheitslevel 3 bis 5 je nach Anbieter; Prüflevel 2.

3.2 Drucktechnologien

Wolfgang Thies

Druckverfahren für Verpackungen

Im Verpackungsdruck werden heute hauptsächlich der Offsetdruck sowie Flexo- und Tiefdruck eingesetzt. Im Folgenden soll versucht werden, die Vorteile dieser drei Druckverfahren darzustellen sowie die Einschränkungen aufzuzeigen, die sich im Hinblick auf die Verwendung verschiedener Sicherheitstechnologien ergeben. Außerdem sollen die Möglichkeiten für den Einsatz von Siebdruck und Stichtiefdruck für den Verpackungsdruck (Intaglio) beleuchtet werden.

Offsetdruck:

Offset

Der Offsetdruck wird im Verpackungsbereich hauptsächlich zur Faltschachtelherstellung eingesetzt. Zum Einsatz kommen dabei zumeist großformatige Maschinen bis zur Formatklasse 9 (140 x 200 cm). Die Vorteile dieses Druckverfahrens stellen sich wie folgt dar:

- Ausgereifte Maschinentechnik
- Kostengünstige Druckformherstellung
- Schnelle Jobwechsel durch automatisierte Platten- und Formatwechsel
- Bedruckstoffe bis ca. 500 g/m²
- Hohe Farbsicherheit durch den Einsatz standardisierter Verfahren
- Sehr sauberer Flächendruck
- Durch die sehr hohe Auflösung ist der Druck sehr feiner Linien (Guillochen) und Schriften (Micro Text) möglich. Bei entsprechender Druckvorstufe lassen sich Linien bis hinunter zu 10 µm Stärke abbilden.
- Möglichkeit der Inline-Lackierung inklusive Spot
- Hohe Gesundheits- und Umweltverträglichkeit durch den Einsatz lösemittelfreier Druckfarben und heute üblicher unbedenklicher Waschmittel.

Sicherheits-relevanz

Diese Vorzüge des Offsetdruckes werden bezüglich der Verwendung von Sicherheitstechnologien eingeschränkt:

- Da es sich beim Flachdruck um ein „chemisches Druckverfahren" handelt, das im Wesentlichen auf der gegenseitigen Abstoßung von Fett und Wasser beruht, schließt sich die Verwendung spezieller

Reagenzfarben und spezieller wasserlöslicher Farben weitgehend aus.

Schichtdicke

- Die Farbschichtdicke beträgt im standardisierten Offsetdruck auf gestrichenen Materialien zwischen 0,7 und 1,1 µm. Je nach Papier, Druckbild und Farbe kann dieser Wert auf etwa 2,5 µm gesteigert werden (1 µm = 0,001 mm). Diese geringe Schichtdicke reicht für den Einsatz spezieller Sicherheitsfarben (z.B. mit optisch variablen Effektpigmenten) nicht aus. Auch bei der Verwendung thermochromer Farben werden, wenn überhaupt, nur durch den Auftrag über mehrere Druckwerke halbwegs befriedigende Ergebnisse erzielt.

Indirekter Hochdruck

Einige dieser Einschränkungen können durch den „indirekten Hochdruck", auch Lettersetdruck, umgangen werden. Beim Letterset kommen anstelle der Offsetdruckplatten Hochdruckplatten (z.B. Nyloprint® von BASF) zum Einsatz. Dieses spezielle Druckverfahren wird zum Beispiel im klassischen Wertpapierdruck sowie im Verpackungsdruck für flächige Arbeiten und Bronzefarben eingesetzt. Buchdruckplatten haben eine Stärke von ca. 0,75 mm (Offset 0,1 bis 0,2mm). Voraussetzung für die Verwendung sind folglich Druckmaschinen, die entweder über eine einstellbare Pressung zwischen Platten- und Gummituchzylinder verfügen (nicht Schmitzringläufer) oder die bei Schmitzringläufern über einen tieferen Einstich beim Plattenzylinder verfügen (in diesem Fall wird mit Unterlagen unter der Platte gearbeitet).

Moderne Offsetmaschinen mit automatischem Platteneinzug, sind für die Verwendung von Buchdruckplatten in der Regel nicht vorbereitet.

Flexodruck

Qualität von Flexodruck

Der Flexodruck ist bezüglich der Druckform ein Hochdruckverfahren. Wurde er früher hauptsächlich zur Herstellung von Verpackungen minderer Druckqualität aus Kunststoff- oder Metallfolien eingesetzt, hat er heute ein Qualitätsniveau erreicht, das mit dem Offsetdruck verglichen werden kann. Dies ist nicht zuletzt auf innovative Entwicklungen bezüglich der Druckformherstellung zurückzuführen. In der Regel kommen Mehrfarben-Rollenrotationsmaschinen zum Einsatz. Mehrere Formzylinder sind dabei um einen gemeinsamen Gegendruckzylinder angeordnet, um welchen der Bedruckstoff herumläuft. Durch diese Technik ist es möglich auch auf flexiblen, dünnen Folienmaterialien mit hoher Passerpräzision zu drucken. Die Einfärbung erfolgt über eine Rasterwalze, die direkt von einer Tauchwalze gespeist wird.

Folienbedruckung

Sicherheitsfarben

Durch diese kurzen Farbwerke können hohe Farbschichtdicken erreicht werden, was den Flexodruck auch für den Einsatz verschiedener Sicherheitsfarben interessant macht. Gute Ergebnisse werden zum Beispiel mit thermochromen Farben erreicht. Durch enorme Innovationen im Bereich der Herstellung fotopolymerer Druckformen, liegt die feinste mögliche druckbare Linienstärke heute bei durchschnittlich 40 µm. Im Laborversuch wurden für spezielle Anwendungen auch schon Linien von nur 20 µm gedruckt. Die auf der Platte gemessene Linienstärke ist dabei noch deutlich geringer.

Feine Linienstärke

Rakeltiefdruck

Raster

Beim Rakeltiefdruck muss das gesamte Druckbild, also auch Linien und Schrift, gerastert werden. Die Tiefe der Näpfchen bestimmt dabei die Schichtdicke und damit den Tonwert der zu druckenden Bildstellen. Qualitätsschwankungen durch drucktechnische Einflüsse wie im Offsetdruck, werden durch dieses Verfahren weitgehend ausgeschlossen.

Ausgereiftes Verfahren

Tiefdruckformen werden heute in der Regel mittels elektromechanischer Gravur bebildert. Dies für den Illustrations- und Verpackungsdruck absolut ausgereifte Verfahren, findet seine Grenzen in der Wiedergabe sehr feiner Linienstrukturen. Durch die Rasterung ist eine Treppchenbildung bei der Umsetzung sehr feiner Linien praktisch nicht zu vermeiden. Durch den Einsatz spezieller Ätzverfahren anstelle der Gravur, können hier bessere Ergebnisse erzielt werden. Diese Verfahren sind jedoch ungleich aufwändiger und die erforderliche Infrastruktur und das Know-How sind nur bei wenigen Spezialisten vorhanden.

Siebdruck

Farbschichtdicke

Durch die Möglichkeit sehr hohe Farbschichtstärken zu erzielen, wird der Siebdruck gerade im Sicherheitsdruck zunehmend relevant. Die Farbschichtdicke wird dabei maßgeblich von der Wahl des Siebgewebes bestimmt. Bezüglich der Drucktechnik kommen vier verschiedene Druckprinzipien zum Einsatz:

- *Flächendruck:* Druckform (Sieb) und Bedruckstoff sind ebene Flächen, die Farbe wird mittels eines Rakels durch die Maschen des Siebes auf den Bedruckstoff übertragen.
- *Flachformzylinderdruck:* Die ebene Druckform bewegt sich synchron zu einem Druckzylinder. Das stillstehende Rakel drückt die Farbe durch die Maschen.

- *Runddruck:* Druckform und Rakel sind der Form des Bedruckstoffes (Becher, Flaschen) angepasst.
- *Rotationsdruck:* Druckform (Sieb) und Gegendruck sind zylindrisch. Die Farbe befindet sich im Inneren des Rundsiebs und wird mit einem stillstehenden Rakel durch die Maschen gepresst.

Integration

Rotationssiebdruckeinheiten lassen sich sehr gut in Offset- oder Flexorotationsmaschinen integrieren und dienen dabei zur Aufbringung spezieller Sicherheitsfarben.

Intaglio (Stichtiefdruck)

Fälschungsschutz

Die aufwändigste Möglichkeit des drucktechnischen Fälschungsschutzes ist wohl unbestritten der Intagliodruck.

Seine herausragenden Eigenschaften sind:

Haptik

- Durch sehr hohen Druck und Farbschichtdicke in Verbindung mit Linientiefen, in Abhängigkeit zur Linienstärke von bis zu 150 µm, wird eine Verprägung des Bedruckstoffs erzielt, die das Druckbild fühlbar macht. Lackstärken.

Mikroschrift

- Sehr feine Linien und Schriften (Microlines) können übertragen werden. Je noch Bebilderung der Druckplatten oder Zylinder lassen sich minimale Linienstärken von ca. 15 µm erreichen.

Kippbilder

- Da der Druck durch die Verprägung faktisch dreidimensional ist, können „Kippbilder" (Latent Image und Latent Text) erzeugt werden. In einer in der Draufsicht aus einem Linienraster bestehenden Fläche, erscheinen dabei unter einem flachen Betrachtungswinkel spezielle Motive oder Logos.

Optische Effekte

- Die hohe Farbschichtdicke ermöglicht den Einsatz von Farben, die unter verschiedenen Betrachtungswinkeln den Farbton ändern (optisch variable Interferenzpigmente).

Infrastruktur

- Die aufwändige Infrastruktur zur Formherstellung erhöht die Eintrittsschwelle für potentielle Fälscher.

Abb. 3.1: Intaglioplatte mit Kippbild (Epikos)

Hochsicherheit

Das Wissen um den Intagliodruck sowie die Technik, liegen heute weltweit in den Händen der wenigen Hochsicherheitsdrucker. Sie wird dabei im Wesentlichen für folgende Produkte eingesetzt:

Einsatzgebiete

- Banknoten
- Personaldokumente wie Reisepässe, Geburtsurkunden, Führerscheine
- Steuer-, Gebühren- und Briefmarken
- Echtheitszertifikate und Etiketten zur Produktabsicherung

Maschinenhersteller für den Intagliodruck sind:

- KBA Giori (Bogen/Rolle)
- Drent Goebel (Rolle)
- Epikos (Rolle)

Abb. 3.2: Werksfoto Epikos

Kosten

Nicht zuletzt wegen der hohen Einstiegskosten für Technik und Know-How, hat der Intagliodruck, abgesehen von wenigen Ausnahmen, bisher im Verpackungsdruck keine Rolle gespielt. Gerade unter dem Aspekt des steigenden Bedarfs der Produktsicherung wertvoller und teurer Waren, könnte sich das jedoch bald ändern. Dabei ist dieses Verfahren immer als zusätzliche drucktechnische Möglichkeit, in Verbindung mit bestehenden Drucktechnologien wie Offset-, Sieb-, Flexo- oder Tiefdruck zu sehen. Vorstellbar sind zum Beispiel Latent Images auf Faltschachteln oder das Überdrucken von Hologrammen auf Verpackungen, Beilagezetteln oder Verschlusslabeln.

Anwendungsgebiete

Arbeitsteilung

Eine Alternative zum Eigeninvest kann für die Verpackungsdrucker dabei die Arbeitsteilung mit Hochsicherheitsdruckereien sein. Aufgrund von weltweit steigenden Druckkapazitäten sollte auch bei diesen ein Interesse an der Ausweitung des Produktportfolios vorhanden sein.

Irisdruck (Rainbow Printing, Split Duct Printing)

Farbverlauf

Beim Irisdruck handelt es sich um eine spezielle Art der Farbaufbringung in Offset- und Letterpress-Maschinen. Wie der englische Begriff „Split Duct Printing" richtig beschreibt, wird dabei der Farbkasten zum Duktor hin durch genau angepasste Keile in mehrere Zonen geteilt, die dann mit unterschiedlichen Farben gefüllt werden. Im Druckbild ergibt sich daraus ein fließender Farbübergang, längs zur Laufrichtung des Druckbogens oder der Bahn durch die Maschine. Die Breite der Mischzone wird dabei über die seitliche Verreibung der Farbwalzen gesteuert. Anstelle der Farbkeile setzen die Hersteller von Wertdruckmaschinen auch auf Systeme mit zwei Farbkäs-

Farbkästen

ten je Walzenstock, wobei die Heberwalzen seitlich abgestochen sind und die jeweilige Farbe nur in den vorgesehenen Zonen an die Reiberwalze übergeben (z.B. Goebel). Auch verfügen diese Maschinen über eine exakt einstellbare seitliche Verreibung zur genauen Steuerung der Breite der Verlaufszonen.

Einsatz von Irisdruck

Aufgrund des komplexen Farbwerkaufbaus moderner Offsetmaschinen, ist der Einsatz des Irisdruckes hier nicht problemlos möglich. Gute Erfahrungen gibt es mit der Umrüstung einer Heidelberger Speedmaster 102.

Aufbringung fortlaufender Nummerierungen

Klarschrift und Barcode

Fortlaufende Nummerierungen auf Verpackungen oder Verschlusslabeln dienen der Chargenverfolgung oder auch der Individualisierung von Produkten. Sie können in Form einer Klarschriftnummerierung oder eines Barcodes aufgedruckt werden. Folgende Druckverfahren kommen dabei zum Einsatz:

Nummerierwerke

- *Buchdruck* (Letterpress) über mechanische Nummerierwerke. Die Nummernfortschaltung erfolgt dabei entweder rein mechanisch, das heißt die Ziffernrädchen werden durch Hintergreifer fortgeschaltet, oder die Ziffern werden elektrisch weitergedreht. Eine Vielzahl unterschiedlicher Ziffernschnitte sowie einige Barcodes, stehen dabei zur Verfügung. Durch die Migration der Druckfarbe in das Papier ist eine nachträgliche Manipulation des gedruckten Codes nur schwer möglich. Als Druckfarben kommen alle Farben zum Einsatz, die sich auch im klassischen Buchdruck verwenden lassen.

- *Laserdruck*

  Laserdruck: Die Vorteile des Laserdruckes liegen in der individuellen Anpassung von Schriftschnitt oder Barcode und der freien Platzierbarkeit auf dem Druckbogen oder der Druckbahn. Aufgrund der Tatsache, dass der Toner nur auf der Papieroberfläche fixiert wird und nicht in das Papier eindringt, lassen sich Manipulationen recht einfach durchführen. Auch der Einsatz von Sicherheitsfarben ist sehr eingeschränkt. Zur Zeit gibt es hier einige Erfolge mit fluoreszierenden Tonern. Die Druckqualität und die erreichbaren Geschwindigkeiten sind unter anderem abhängig von der Druckauflösung der eingesetzten Systeme.

  Manipulation

  Fluoreszenz

- *Inkjet*

  Inkjet: Das Inkjetverfahren erringt sowohl bei der Nummerierung als auch bei der Personalisierung von Verpackungen zunehmende Bedeutung. Wie beim Buchdruck dringt die Tinte in das Papier ein und erschwert dabei die nachträgliche Manipulation. Inkjetdruckköpfe lassen sich sehr gut in bestehende Drucklinien integrieren und ermöglichen hohe Laufgeschwindigkeiten. Es werden zunehmend Tinten mit Sicherheitspigmenten entwickelt. UV-trocknende Farben ermöglichen auch den Druck auf nichtsaugenden Materialien wie z.B. auf Folien.

  Material-durchdringung

  Folie

3.3 Applikation

Haroun Malik

Druck versus Etikettenapplikation

Die größte Herausforderung an die Sicherheitstechnologie stellt sich ein, wenn eine spezifische Verpackung abgesichert werden soll. Es ist nachvollziehbar, dass für den Verarbeiter der Druck von Sicherheitsmerkmalen eine geringere Hürde darstellt als die Applikation eines Sicherheitsetikettes. In einem Falle sind die Druckplatten identisch mit dem herkömmlichen Druckbild versehen und lediglich durch die Sicherheitssoftware aufgewertet. Die zu druckenden Strukturen oder Informationen verursachen keine Änderungen. Soll ein selbstklebendes Sicherheitsetikett appliziert werden, verändert sich das Anforderungsprofil.

Verpackungsparameter

Aufspenden von Etiketten

Ein Etikett muss mit seinen Klebeeigenschaften auf das Verpackungsmaterial angepasst werden. Hinzu kommt die mögliche Beschaffung von Maschinen, mit denen sich das Etikett aufspenden lässt. Sofern es sich um ein nummeriertes Produkt handelt, kommt auch die Datenaufnahme hinzu.

Klärung der Anwendbarkeit

Da die eingesetzten Verpackungsmaterialien unterschiedlich in ihren Eigenschaften sind, stellt sich bei jedem Sicherheitsprodukt stets die Frage, ob es technisch bedingt anwendbar ist. Hier empfiehlt sich die Kontaktaufnahme mit dem Hersteller zur Klärung der Parameter. Die Vielfalt der abzusichernden Verpackungen, kann in diesem Buch kaum objektiv erfasst werden.

Kapitel 4

Haroun Malik

Die Handlungsoptionen: Eine Entscheidungshilfe

4.1 Welche Sicherheit ist notwendig?

Produkteignung

Zweifellos bezeichnet die Sicherheitsindustrie möglichst viele ihrer Produkte als geeignet zur Absicherung der Verpackung. Sie hat zu Recht in der jüngsten Vergangenheit betont, dass es notwendig ist, Produkte gegen Fälschungen abzusichern. Allerdings muss einer Überfrachtung von Systemlösungen vorgebeugt werden. Die Kosten stellen das wichtigste Argument in dieser Richtung dar. Der organisatorische Aufwand, um eine Systemlösung aufzubauen und durchzuführen, stellt die zweite Einflussgröße dar.

Systemlösung

Sicherheitsstufen

Betrachtet man die Technologien explizit, bietet sich die Ausarbeitung einer Systemlösung an. Oft sprechen die Anbieter von Sicherheitsprodukten von einer so genannten A-B-C Lösung. Hiermit ist gemeint, verschiedene Sicherheitslevel miteinander zu kombinieren. Während eine A-Lösung die niedrigste Stufe darstellt und damit ein niedriges Sicherheitslevel meint, ist es auf der anderen Seite der Skala die C-Lösung mit einem hochsicheren Produkt. In erster Linie geht es um einen nicht nachvollziehbaren Einsatz von Sicherheitstechnologien. Dies schreckt potentielle Fälscher ab, denn teilweise werden zu Marketingzwecken und zu Prüfzwecken durch den Endkunden, Sicherheitsmerkmale bewusst bekannt gegeben.

Publikation von Sicherheitstechnologien

Einfache Sicherheitsmerkmale

Eine Option beim erstmaligen Einsatz von Sicherheitstechnologien kann bedeuten, sich zumindest mit einer A-Lösung gegen Fälscher zur Wehr zu setzen. Die Kosten für einfache Sicherheitsmerkmale bewegen sich auf niedriger Stufe. Die Gefahr bei dieser Sichtweise besteht darin, sich in Sicherheit zu wiegen und weitere Fälschungen unter Umständen nicht zu registrieren. Fälschungssichere Verpackungen herzustellen bedeutet, eine möglichst umfassende Systemlösung zu installieren. Gerade hierfür kommt die A-B-C Lösung ausschließlich in Frage.

4.2 Organisatorische Sicherheit

Lösungsvorbereitung

Die Mehrzahl der Unternehmen, die sich mit dem Produktschutz auseinandersetzen, beauftragen mehr als eine Person intern mit der Lösung. Dies gilt auch für Anfragen an Sicherheitsprodukthersteller. Der Wechsel von Stelleninhabern – aus welchen Gründen auch immer – führt stets zu einer Schwachstelle, da Wissen über Lösungen unkontrollierbar wird.

Informationsabfluss

Verschiedene Maßnahmen sollen gewährleisten, dass eine möglichst hohe Barriere gegen ungewollte Informationsweitergabe aufgebaut wird. Dazu gehören Geheimhaltungsvereinbarungen, mit denen externe Personen oder Unternehmen verpflichtet werden. Intern bietet es sich an, einen Brand Protection Manager zu installieren, der direkt der Geschäftsleitung unterstellt wird.

Brand Protection Manager

Expertenwissen

Der Aufbau von Expertenwissen ist einerseits gewollt und unabdingbar, um die Verpackung abzusichern. Andererseits stellt der Abfluss von Informationen eine Gefahr dar. Vertraglich kann sich ein Unternehmen zumindest für zukünftige juristische Auseinandersetzungen absichern.

Sicherheitslogistik

Wesentlich kritischer sieht die Situation bei der Verarbeitung von Sicherheitstechnologie aus. Die unkontrollierte Herstellung, Aufbewahrung von Sicherheitsprodukten und veredelten Verpackungsmaterialien, stellt eine Schwachstelle dar. Es ist zwingend notwendig, Abläufe zu untersuchen und die gesamte Logistikkette abzusichern. Eine Variante stellt die Aufbewahrung von sensiblen Informationen und Produkten in verschlossenen Räumen dar. Eine weitere Maßnahme betrifft die Erfassung von Eingangs- und Ausgangsmenge. Die Protokollierung und Überwachung der Daten gehört zu den Aufgaben einer auf Produktschutz ausgerichteten Organisation.

4.3 Investition in Sicherheit: Der Kostenaspekt und dessen Nutzen

Eine entscheidende Erkenntnis bei der Herstellung von fälschungssicherer Verpackung lautet: Jede Prozessänderung oder Integration von Sicherheitstechnologie führt zu unnötigen Kosten. Würden die Fälscher nicht existieren, könnte man sich getrost den Aufwand sparen. Ursächlich für die Investition in die Sicherheit ist die Tatsache, dass Fälscher unschätzbare Umsätze erzielen. Die große Gefahr für den rechtmäßigen Anbieter eines Produktes besteht darin, hohe Umsatzausfälle bis hin zum Totalverlust eines Marktes zu riskieren.

Nutzenaspekte

Eine Aufstellung von Nutzenaspekten hilft an dieser Stelle weiter:

- Gewährleistungsansprüche können eingegrenzt werden
  (Abwehr von Ansprüchen für erkennbare Fälschungen)
- Einhaltung der Gesetzgebung für Produkthaftung

- Entgangener Umsatz kann partiell zurück gewonnen werden
- Qualität des Endproduktes wird nicht beeinträchtigt
- Verpackung kann nicht nachgestellt werden
- Kundenbindung wird erhöht, da Sicherheitsprojekte hochsensibel sind

Gegenrechnung von Kosten zu Nutzen

Die Quantifizierung der Kosten für Sicherheitstechnologien lässt sich leicht bewerkstelligen. Wie berechnet man jedoch den Nutzen, wenn es sich um weiche Faktoren handelt? Die Erfahrung aus den spektakulären Fälschungsfällen der Vergangenheit lehrt, dass es unmöglich ist, die Kosten direkt gegen zurechnen. Ob Microsoft, Viagra, Lacoste oder viele andere Marken und Produkte, die gefälscht werden und wurden: Die Investition in die Sicherheit ist unumgänglich, um Fälschungen zu lokalisieren und zurück zu drängen.

Sicherheitskosten

Am einfachsten konstruiere man den Fall, dass die Investition in die Verpackungsabsicherung je Einheit auf einen Wert von 0,10 Euro für die Sicherheitstechnologie und organisatorische Maßnahmen festgelegt wird. Bei einer Verkaufsmenge von z.B. 10 Mio. Einheiten p.a., werden 100.000 Euro lediglich für die fälschungssichere Verpackung fällig.

Neu ist die Tatsache, jede Verpackungseinheit mit zusätzlichen Kosten zu belasten. Dies wirkt auf den ersten Blick abschreckend, gleichwohl gilt es immer zu bedenken, dass ein Fälschungsmarkt ausgetrocknet wird. Allein diese Tatsache spricht für die Verpackungsabsicherung. Die Erfahrungen der Hersteller, die in den Produktschutz investiert haben und dies auf Sicherheitskonferenzen einem ausgewählten Zuhörerkreis präsentieren, belegen die Richtigkeit der getroffenen Entscheidung pro Investition. In aller Regel hat die Fälscher die abgesicherte Verpackung abgeschreckt.

Erfahrungen mit Produktschutz

4.4 Die Aufwertung und Änderung von Systemlösungen

Unüberschaubares Angebot

Die vorgestellten Sicherheitstechnologien sind in ihrer Vielfalt kaum überschaubar. Ständige Neuentwicklungen von Produkten versprechen teilweise Kostensenkungen und alternative Merkmale bei gleichzeitig hohem Fälschungsschutz. Unabhängig, ob dieser Fall zutrifft: die Entscheidung eine Systemlösung zu etablieren, führt zu einer Auswahl von Sicherheitsprodukten zu einem Startzeitpunkt.

Imitation von Sicherheitsprodukten

Austausch von Sicherheit

Wenn die Idee einer A-B-C Lösung nochmals aufgegriffen wird, lässt sich leicht nach vollziehen, dass bei einer rudimentären Einführung eine Sicherheitslücke entsteht. Fälscher haben in der Vergangenheit bewiesen, zu welchen Kopieranstrengungen sie fähig sind. Darunter fallen auch Imitationen von Sicherheitsprodukten. In solch einem Szenario kann die Forderung an eine Systemlösung nur lauten, möglichst dynamisch gestaltet zu sein. Sie muss offen gegenüber dem Austausch von Sicherheitsmerkmalen ausgestaltet werden. Hierbei bleibt festzustellen, dass z.B. die Verwendung eines Hologramms durchaus beibehalten werden kann. Jedoch kann das Basisprodukt eine erhebliche Aufwertung durch die Integration weiterer Sicherheitsmerkmale erfahren, wie sie im Kapitel 2 und 3 besprochen wurden.

Aus Kosten- und Aufwandsgründen bei Änderungen in der Produktion, beim Verpackungsmaterial und beim Sicherheitsprodukt, kann die Systemlösung einer Herausforderung unterliegen. Vorausgesetzt, die Fälschungssicherheit soll erhalten bleiben, müssen Einzelkomponenten auf ihre Tauglichkeit unter den veränderten Bedingungen überprüft werden. Ein offenes System lässt Änderungen zu, ohne die Stabilität der fälschungssicheren Verpackung zu zerstören.

4.5 Handlungsoptionen bei Fälschungsangriff

Identische Fälschung

Die kritischste Situation stellt sich ein, wenn eine Verpackung 1:1 kopiert wird und keinerlei Unterschiede bemerkbar sind. Sofern die Verpackung bislang nicht mit Sicherheitsprodukten abgesichert wurde, ist die Antwort leicht zu geben und der Verweis auf Kapitel 2 und 3 zweckdienlich.

Nachstellung fälschungssicherer Verpackung

Komplizierter wird der Fall, wenn eine ursprünglich als fälschungssicher angesehene Verpackung nachgestellt wird. Die Beachtung der Sicherheitslevel gibt oft eine Antwort, weshalb der Fälschungsangriff stattfand. Wurde die Komplexitätsstufe auf niedrig gesetzt, so ist der Angriff durchaus nachvollziehbar. Wurde lediglich ein Sicherheitsprodukt zur Verpackungsabsicherung eingesetzt und keine Systemlösung etabliert, ist ebenfalls leicht erklärbar, dass der Fälscher jede erdenkliche Mühe auf sich nahm.

Neue Sicherheitsmerkmale

Unabhängig von der Attraktivität des gefälschten Produktes und dessen Verpackung, ist schnelles Handeln zwingend erforderlich. Neben dem Marketingaspekt empfiehlt sich die Aufnahme neuer Sicherheitsprodukte im Austausch für imitierte Sicherheitsmerkmale. Die bereits vorgestellten Sicherheitstechnologien geben Anhaltspunkte für die zweckdienliche Auswahl.

Expertenwissen

In jedem Falle wird Expertenwissen die richtige Handlungsoption für das betroffene Unternehmen darstellen.

Kapitel 5

Schlusswort

Verbreitung von Fachwissen

Es bleibt stets eine Gratwanderung, wenn in der Öffentlichkeit von Experten über Sicherheitstechnologien geschrieben wird. Die Verbreitung von teilweise über Jahrzehnte erworbenem Fachwissen, unterliegt stets Reglementierungen. Verständlicherweise möchte niemand dem potentiellen Nachahmer eine Handlungsanleitung an die Hand geben.

Antwort auf Fälschungen

Die Herausgeber haben mit Unterstützung von ausgewiesenen Kennern der Materie, einen Eindruck über die verfügbaren Sicherheitsprodukte vermittelt. Verpackungen fälschungssicher zu gestalten, ist möglich und durchaus die richtige Antwort auf eine der unangenehmen Herausforderungen unserer Zeit. Die Alternative wäre sich dem Diktat der Fälscher zu unterwerfen und zu hoffen, dass der Kelch an einem vorbeigeht.

Sicherheit und Systemlösung

Die beschriebenen Sicherheitstechnologien stehen zur Verfügung, sind erprobt und, je nach ausgewähltem Sicherheitslevel, preislich keine Hürde. Die viel beschworene Systemlösung erfordert lediglich die sinnvolle Kombination von Technologien. Logischerweise macht es wenig Sinn, anstelle von drei hochwirksamen Sicherheitsmerkmalen, mit zehn scheinbar wirksamen Merkmalen ein Übermaß an Sicherheit zu produzieren – was de facto nicht funktionieren dürfte.

Warnend hingewiesen wird auf die Gefahr, selbsternannten Experten aufzusitzen. Eine Prüfung des Sicherheitsproduktanbieters und der Experten hilft, Zeit- und Aufwandsverlust in Grenzen zu halten. Nicht immer ist ein großer Name Garant für die Zielerreichung, nämlich fälschungssichere Verpackungen herzustellen.

Allen Autoren wird ganz besonders für die Mitwirkung an diesem Fachbuch gedankt. Sie haben zum ersten Mal ihr Wissen aufgeschrieben, damit einem größeren Fachpublikum eine deutschsprachige Informationsquelle zur Verfügung steht. Im Autorenverzeichnis sind die Kontaktdaten der jeweiligen Verfasser der Einzelartikel verzeichnet.

Autorenverzeichnis

Dittmann, Jana
Universität Magdeburg
jana.dittmann@iti.cs.uni-magdeburg.de

Geier, Stephanie
identif GmbH, Erlangen

Kohler, Florian
Büttenpapierfabrik Gmund GmbH & Co. KG,
Gmund am Tegernsee

Lindemann, Horst J.
SECONTECH Horst J. Lindemann GmbH, Buchholz
lindemann@secontech.de

Malik, Haroun
CFC Europe GmbH, Göppingen
haroun.malik@web.de

Schindler, Samuel
SECONTECH- Horst J. Lindemann GmbH, Buchholz
schindler@secontech.de

Schipper, Wilfried
HOLOGRAM COMPANY RAKO GmbH, Witzhave
wschipper@hologram-company.com

Thiele, Oliver
Trautwein Security GmbH & Co, Herne
oliver.thiele@trautwein-security.com

Thies, Wolfgang
Schleicher & Schuell SecurityPrinting GmbH,
Einbeck wolfgang@thies-ein.de

Bildnachweis

PETREL
F-91090 Lisses

Zetos GmbH
CH-4107 Ettingen

Produkt- und Markenschutz mit Packaging

Produkt- und Markenschutz

Risikoanalyse

Bewertung Technologien

Lösungsberatung

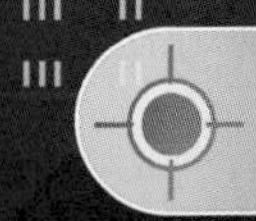

Individuelles Sicherheitskonzept

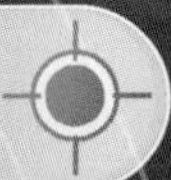

Umsetzung im Dialog

COPACO

THE POWER TO PROTECT

COPACO
THE PACKAGING PARTNERSHIP

COPACO
Gesellschaft für Verpackungen mbH & Co. KG
Friedrich-Koenig-Straße 35
D-55129 Mainz-Hechtsheim
Tel. +49 (0) 6131 / 95 84 80
Fax +49 (0) 6131 / 95 84 88 8

www.copaco.de

Die August Faller KG ist Spezialist für **Pharma-Verpackungen**. Mit einer Fertigungskapazität von 1,2 Milliarden Faltschachteln, 1,2 Milliarden Packungsbeilagen und 500 Millionen Haftetiketten pro Jahr in den Werken Waldkirch, Binzen und Schopfheim. Faller-KIT: Als erstes Unternehmen der Verpackungsbranche liefern wir Faltschachteln, Packungsbeilagen und Haftetiketten aus einer Hand direkt an die Abpacklinien der Pharma-Kunden.

Markenschutz und Fälschungssicherheit für Verpackungen garantieren wir mit unserer Produktlinie **MEDICAPROTEC®** Standard, Advanced und Premium = **Sicherheit in drei Stufen**

August Faller KG I **Waldkirch**
PharmaServiceCenter
Freiburger Straße 25
D-79183 Waldkirch
Telefon +49 76 81 / 405-0
Telefax +49 76 81 / 405-110

info@august-faller.de
www.august-faller.de

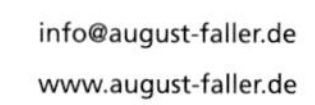

August Faller KG I Waldkirch I Binzen I Schopfheim

Kindergesicherte & Seniorengerechte Verpackungen

Von Dr. Horst Antonischki
2005, ca. 170 Seiten,
Hardcover.
ca. € 25,–
ISBN 3-7785-2959-5

In diesem Buch werden die Erfahrungen mit dem Gesamtbereich der kindergesicherten Verpackungen umfassend dargestellt. Es wird aus der Erfahrung des Autors geschrieben, der seit 1975 mit der Zertifizierung von kindergesicherten Verpackungen befasst ist.

Enthalten sind: Eine bisher nicht veröffentlichte Studie über die Verbrauchermeinung zu dem Thema, die Entwicklung des Unfallgeschehens mit Kleinkindern, die ausführliche rechtliche Situation (auch international), die Normen und Zertifizierung von kindergesicherten und seniorenfreundlichen Verpackungen, technische Einzelheiten zur Konstruktion kindergesicherter und seniorenfreundlicher Verpackungen sowie Marketingaspekte. Es wird die Situation von Haushaltschemikalien ebenso angesprochen wie pharmazeutische Produkte.

Obwohl das Buch in erster Linie für alle geschrieben ist, die sich fachlich mit der Verpackung befassen, gibt es auch anderen Interessierten einen hervorragenden Einblick in dieses Spezialgebiet. Zum Lesen muss man kein Verpackungsfachmann sein. Zahlreiche Tabellen, Grafiken, Zeichnungen und Fotos illustrieren und konzentrieren das Geschriebene. Ausführliche Links zur weiteren Information im Internet sind ebenfalls enthalten.

BESTELLCOUPON Fax 0228 / 970 24-21

☐ Expl. Antonischki
Kindergesicherte & Seniorengerechte Verpackungen
ca. € 25,– zzgl. Versandkosten
ISBN 3-7785-2959-5

Name, Vorname

Firma

Straße, -Nr.

PLZ/Ort

Ja, ich habe das Recht, diese Bestellung innerhalb von 14 Tagen nach Lieferung ohne Angaben von Gründen zu widerrufen. Der Widerruf erfolgt schriftlich oder durch fristgerechte Rücksendung der Ware an die Auslieferung (wmi Verlagsservice Abt. Remittenden; Hüthig Fachverlage; Justus-von-Liebigstr. 1; 86899 Landsberg am Lech). Zur Fristwahrung genügt die rechtzeitige Absendung des Widerrufs oder der Ware (Datum des Poststempels). Bei einem Warenwert unter 40 Euro liegen die Kosten der Rücksendung beim Rücksender. Meine Daten werden nach Bundesdatenschutzgesetz gespeichert und können für Werbezwecke verwendet werden.

Hüthig Verlag Heidelberg
Vertrieb:
verlag moderne industrie Buch AG & Co. KG
Königswinterer Str. 418, 53227 Bonn
Internet: www.huethig.de

Datum/Unterschrift

Lexikon Verpackungstechnik

Von Dr. Bleisch / Prof. Dr. Goldhahn / Prof. Dr. Schricker / Dr. Vogt (Hrsg.)
2003, 512 Seiten, Hardcover.
€ 160,–
ISBN 3-7785-2916-1

Das Thema Verpackung gewinnt bei der Produktion und Vermarktung von Produkten einen immer größeren Stellenwert. Das zeigt sich auch in der rasanten Entwicklung der Verpackungsbranche, für die mit diesem Lexikon erstmals ein branchenspezifisches Nachschlagewerk geschaffen wurde. Von den Grundlagen der Verpackungstechnik über Verpackungsstoffe, Packmittel und Verpackungsprozesse bis hin zu Anwendung und Verwertung der Verpackung spannt sich der thematische Bogen des Werkes. Auf diese Weise wird die Terminologie der Verpackungsbranche in einer Gesamtübersicht zusammengefasst und einem breiten Leserkreis zugänglich gemacht.

Dr. Bleisch ist Dozent an der TU Dresden im Institut für Verarbeitungs- und Landmaschinen sowie Verarbeitungstechnik, Prof. Dr. Golhahn ist ebenfalls an der TU Dresden tätig. Prof. Dr. Schicker war Dozent für Verpackungstechnik an der TU München. Dr. Vogt arbeitete ehem. im Forschungslabor von Unilever.

BESTELLCOUPON Fax 0228 / 970 24-21

☐ Expl. Bleisch / Goldhahn / Schricker / Vogt
Lexikon Verpackungstechnik
€ 160,- zzgl. Versandkosten
ISBN 3-7785-2916-1

Name, Vorname

Firma

Straße, -Nr.

PLZ/Ort

Ja, ich habe das Recht, diese Bestellung innerhalb von 14 Tagen nach Lieferung ohne Angaben von Gründen zu widerrufen. Der Widerruf erfolgt schriftlich oder durch fristgerechte Rücksendung der Ware an die Auslieferung (wmi Verlagsservice Abt. Remittenden; Hüthig Fachverlage; Justus-von-Liebigstr. 1; 86899 Landsberg am Lech). Zur Fristwahrung genügt die rechtzeitige Absendung des Widerrufs oder der Ware (Datum des Poststempels). Bei einem Warenwert unter 40 Euro liegen die Kosten der Rücksendung beim Rücksender. Meine Daten werden nach Bundesdatenschutzgesetz gespeichert und können für Werbezwecke verwendet werden.

Hüthig Verlag Heidelberg
Vertrieb:
verlag moderne industrie Buch AG & Co. KG
Königswinterer Str. 418, 53227 Bonn
Internet: www.huethig.de

Datum/Unterschrift

Verpackungstechnik

Von Fraunhofer Institut (Hrsg.)
1777 Seiten.
Loseblattwerk in 2 Ordnern.
€ 88,– zur Fortsetzung
ISBN 3-7785-2354-6

VERPACKUNGSTECHNIK hilft Ihnen, ...wenn Sie wissen wollen, welche Verpackung für Ihr Produkt die richtige ist und wie es sich am besten auf dem Markt präsentiert, ...wenn Sie Fragen zu Normung, Systemen, Strategien oder Entwicklung haben, ...wenn Sie Angaben über ökologische Anforderungen oder einen Überblick über die gesetzlichen Bestimmungen suchen. Das Werk ist gerichtet an Produktionsleiter, Packmittel-Einkäufer, Betriebsleiter, Packmittel-Entwickler und Produkt-Entwickler.

Inhalt: Schutzfunktion, Transport und Logistik, Ladeeinheiten, Palettieren, Design, Eigenschaften und Einsatz verschiedener Materialien, ökologische, ökonomische, gesetzliche Anforderungen, Ökobilanzen, Packplatzgestaltung, Abfüllen, Dosieren, Primär-, Sekundär-, Sammelverpackung, Kennzeichnen, Drucken, Etikettieren, Mehrweg-Systeme, Entsorgung, Recycling

Über 30 hochkarätige Experten aus den unterschiedlichen Fachgebieten bereiten die komplexe Materie für Sie auf. Die Fraunhofer Gesellschaft zur Förderung der angewandten Forschung e.V. mit ihren angeschlossenen Instituten ist der Herausgeber des Loseblattwerkes. Unser spezielles Angebot: Sie bekommen VERPACKUNGSTECHNIK drei Wochen kostenlos und völlig unverbindlich zur Ansicht zugesandt - Zeit genug, um sich vom hohen Standard des Werkes zu überzeugen.

BESTELLCOUPON Fax 0228 / 970 24-21

Expl. Fraunhofer Institut
Verpackungstechnik
€ 88,- zzgl. Versandkosten
ISBN 3-7785-2354-6

Name, Vorname

Firma

Straße, -Nr.

PLZ/Ort

Ja, ich habe das Recht, diese Bestellung innerhalb von 14 Tagen nach Lieferung ohne Angaben von Gründen zu widerrufen. Der Widerruf erfolgt schriftlich oder durch fristgerechte Rücksendung der Ware an die Auslieferung (wmi Verlagsservice Abt. Remittenden; Hüthig Fachverlage; Justus-von-Liebigstr. 1; 86899 Landsberg am Lech). Zur Fristwahrung genügt die rechtzeitige Absendung des Widerrufs oder der Ware (Datum des Poststempels). Bei einem Warenwert unter 40 Euro liegen die Kosten der Rücksendung beim Rücksender. Meine Daten werden nach Bundesdatenschutzgesetz gespeichert und können für Werbezwecke verwendet werden.

Hüthig Verlag Heidelberg
Vertrieb:
verlag moderne industrie Buch AG & Co. KG
Königswinterer Str. 418, 53227 Bonn
Internet: www.huethig.de

Datum/Unterschrift